KB018425

작고
거대한
것들의
과학

작고 거대한 것들의 과학

생명의
역사를 읽는
넓고 깊은 시선

김홍표 지음

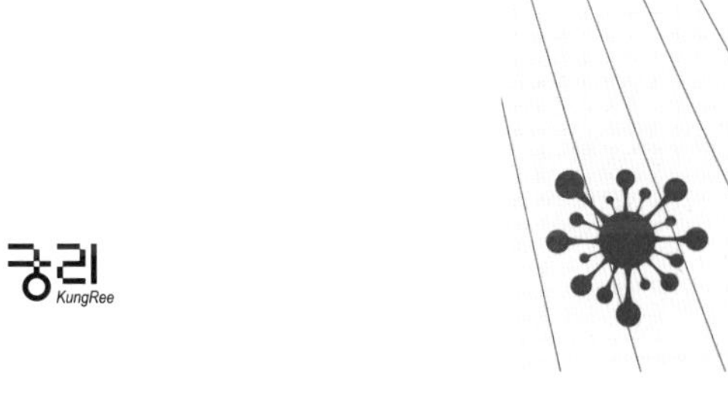

들어가며

▼

경계 없는 질문을 위한 과학하기

세상은 답을 갈구하는 질문으로 가득 차 있다. 질문을 던지고 애써 찾은 답에 주해를 달며 살아왔던 인류의 역사적 노력에 대해 우리는 과학이라는 이름을 붙였다. 과학이 어우르는 층위는 여럿이지만 곰곰이 따져보면 그 층위들 사이의 경계는 그리 뚜렷하지 않고 학문이 진보하면서 그것은 스스로 무너지기도 한다.

과학은 질문이 답으로 연결되는 과정에 가깝다. 17세기 이후 지식을 생산하는 일반적 방식으로 등장한 실험이 과학으로 열매를 맺어온 예는 많다. 그 시작은 질문이었다. 벨기에 출신의 화학자 헬몬트는 5파운드의 버드나무를 200파운드의 흙이 담긴 커다란 화분에 심고 5년 동안 열심히 물을 주었다. 5년 후 나무의 무게는 164파운드가 더 늘었지만 흙의 무게는 거의 변화가 없었다. 이 실험을 수행한 헬몬트는 식물이 자라는 원인 물질은 흙이 아니라 물에 있다는 결론에 도달했다. 이후 사람들은 이 결론을 붙잡고 다시 질문을 이어나갔다. 현재 우리는 이 말이 부분적으로 맞다는 사실을 알고 있다.

직접 실험을 한다거나 질문하고 답을 얻는 과정의 많은 부분은 빠졌지만 어쨌든 우리는 교실 안에서 은연중에 거인의 어깨 위에 올라탈 기회를 얻었다. 지식을 생산하는 데 필요했던 '질문'과 '실험'의 역사는 몰랐을지언정 그 결과는 달달 외웠기 때문이다. 우리는 이제 그 역사를 질문의 형태로 돌려놓아야 한다.

우리가 숨쉬는 공기를 구성하는 분자의 조성은 어떻게 밝혀진 것일까? 18세기, 산소의 발견에 자극을 받은 네덜란드의 얀 잉엔하우스는 실험을 통해 그 기체가 식물의 녹색을 띤 부분에서 햇빛이 있을 때만 발생한다는 결론에 이르렀다. 1958년부터 하와이 마우나로아 관측소의 찰스 데이비드 킬링은 광합성이 활발히 진행되는 시기에 지구 대기 이산화탄소의 농도가 줄어든다는 사실을 확인했다.

거인의 어깨 위에서 이제 이런 질문을 던져보면 어떨까? 우리가 숨쉬는 공기 대부분을 차지하는 질소는(알다시피 약 80퍼센트다) 우리 폐로 들어가서 어떤 운명에 처하게 될까? 최근 나는 비강(鼻腔)을 통해 들어간 질소가 혈액 안으로 들어갈 산소처럼 데워진다는 연구 결과를 접하게 되었다. 세포 안으로 들어가 호흡에 사용되지는 않지만 '질소 데우기'는 호흡을 통해 얻은 에너지의 일부를 헛되이 소모하는 결과로 이어질 수도 있겠다는 생각이 들었다. 마치 몰랐던 채무를 발견한 듯한 억울한 느낌마저 들기도 했다.

이 책은 2017년 벽두부터 '김홍표의 과학 한 귀퉁이'라는 타이틀로 경향신문에 쓰기 시작한 '질문'을 모은 결과물이다. 대략 한 달에 한 번씩 내 차례가 돌아오니 필연적으로 글 혹은 질문에서의 연속성은 기대하기 힘들었다. 그 자리에는 대신 슬며시 시의성(時宜性)이 끼어들었다. 감정의 외출이 잦은 5월을 그냥 넘기기 힘들었고 꽃과 단풍이 꼬박꼬박 눈에 들어왔지만 4월 16일도 지나칠 수 없었다. 시의성에 강제 동원된 과학적 진실이 무던히 버텨주기를 바랄 뿐이다.

원소의 삶, 동물살이의 곤고함, 대기권을 넘본 식물 그리고 하나뿐인 지구라는 주제 아래 4부로 구성된 이 책은 특성상 그 어디부터 읽어도 별 무리는 없겠지만 그래도 비슷한 과학적 층위 사이를 지키려고 애썼다.

식물과 동물은 서로 구분된다. 그러나 세포 안 미시 공간에서 벌어지는 생물학적 과정은 일란성 쌍둥이처럼 비슷하다. 지질과 단백질로 구성된 막을 따라 전자가 흐르는 동안 양성자 기울기가 형성된다는 사실에서 그 경계는 형체를 잃고 흐트러진다. 따라서 식물이 식재료로 사용하는 물과 이산화탄소, 동물의 먹잇감인 포도당은 화학적 경계를 넘어 하나로 수렴된다. 인식론 수준에서 필요한 인간 지성의 경계를 세포와 생명체들은 쉽게 넘나든다. 세상에는 원래 그런 경계란 것 자체가 존재하지 않기 때문이다. 처음부터 그랬듯이, 세상은 거대한 네트워크로 하나가 된다.

국문과 출신인 아내 김종향은 맑은 정신이 드는 새벽, 소리 내 여러 차례 원고를 읽고 흐름이 끊기는 곳을 기탄없이 지적했다. 글의 스타일을 지키고자 하는 저항감이 없지는 않았지만 대체로 나는 그 의견을 수용했다. '재미없다'는 말도 자주 들었는데 그때는 속상하기도 했다. 그래서 흥미를 돋울 만한 에피소드를 찾으러 인터넷의 파도에 자주 몸을 실었다. 그런 투자 덕분에 "오늘은 이러저러한 새로운 사실을 배웠어"라고 덕담 한마디 들을 때도 있었다. 고마운 일이다.

현재 경향신문 워싱턴 특파원인 김재중님과 현 오피니언팀의 박주연님도 성심껏 신경을 써주셨다. 딱 한 번을 제외하고 매번 눈에 박히는 그림 이미지를 그려주신 김상민 화백에게도 고마움을 전한다. 몇 년째 칼럼을 쓰다 보니 자연히 출판 얘기가 오가기도 했는데 나는 첫 인연을 모른 체할 도리가 없었다. 몇 권의 책을 함께 읽고 정리해준 김주희님, 이굴기 궁리 대표님께 고맙다는 말씀을 전한다.

우리는 지금도 호흡하고 산소를 들이마신다. 별로 신경을 쓰지 않아도 심장은 뛰고 콩팥은 질소 노폐물을 걸러댄다. 평범함 속에 숨겨진 질문 던지기, 이런 느낌이 오래 살아 있었으면 좋겠다.

김홍표

차례

▼

2부 · 세상을 아우르며 보기 : 동물살이의 곤고함

3부 · 닫힌 지구, 열린 지구 : 식물, 하늘을 향해 대기 속으로

4부 · 인간과 함께할 미시의 세상 : 작은 것들을 위한 생물학

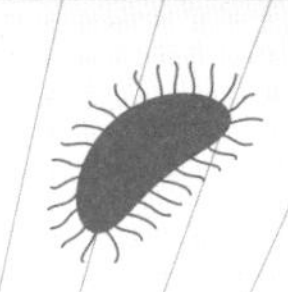

1부

아름답고 귀한
: 원소의 삶

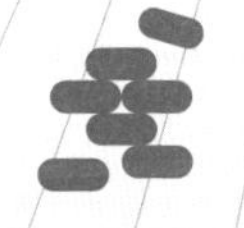

온 우주와 만물은 원소로 이루어져 있다. 시멘트도 미세 플라스틱도 원소로 구성된다. 예외는 없다. 원소의 가장 독특한 특성은 그것의 영원함에 있다. 이들 원소는 우주 공간에 퍼져 있다. 하지만 그 분포는 균등하지 않다. 바로 그 이유로 태양계가 존재하고 생명체가 탄생했다. 수소와 헬륨으로 뭉친 태양 주변을 도는 떠돌이별 지구 사이에는 거의 아무것도 존재하지 않는다. 지각에는 산소와 규소가 풍부하지만 생명체는 탄소와 질소, 수소 및 산소를 주재료로 만들어진다.

생명체는 결코 원소를 만들지 못하지만 그것을 융합하고 분해하는 능력을 키웠다. 이는 일을 하는 데 쓸 수 있는 자유에너지를 추출하는 과정에 다름 아니다. 식물은 물을 분해해서 산소를 만들고 탄소를 고정해서 포도당을 만든다. 인간은 포도당을 낱낱이 분해해서 이산화탄소를 대기로 내보낸다. 모두 에너지를 얻고 생존에 필요한 고분자 화합물 빌딩 블록을 확보하는 수단일 뿐이다. 하지만 이런 일은 눈에 보이지 않는 세균에서도 거의 똑같이 진행된다.

생명은 '의구依舊한' 것이다.

생명체 안에 역사가 숨쉰다. 그러므로 인간이 스스로 고귀하기를 원하거든 세균도 마땅히 그리 대해야 할 것이다. 길섶의 바위, 아름드리나무 그리고 유전하는 것들의 연쇄 고리를 생각한다. 인간에게는 영원할 듯하지만 지질학적 시간에서 유한하고 질서 있는 원소의 삶은 항성의 에너지가 비치는 잠깐 동안만 유효할 뿐이다. 그러나 그것으로 충분하다.

생물학 제1법칙은 '고귀함'

잘 알려져 있지는 않지만 누구도 부인하기 어려운 생물학 제1법칙으로부터 얘기의 실마리를 풀어보자. 너무 당연하다고 여긴 탓인지 교과서에서조차 법칙의 반열에 오르지 못했지만 나는 '어미 아비 없는 자식은 없다'는 명제가 생물학의 으뜸 법칙이라고 본다. 이 법칙의 면면을 살펴보기 위해 족보를 예로 들어보자. 가령 경주 김씨는 신라의 마지막 왕인 경순왕의 아들을 시조로 한다. 족보는 시조로부터 시작해서 아래쪽 방향으로 내려오는 계보를 그린다. 보학이 흔히 차용하는 방식이다.

어디서 읽었는지 기억나지는 않지만 특정 계보의 생물학적 반감기는 7세대 정도라고 한다. 풀어 말하면 7세대가 지나서도 나의 후손이 생존할 가능성은 50퍼센트라는 말이다. 보학을 송두리째 부정할 생각은 없지만 이런 얘기를 접하면 시조 한 구절이 떠오르기도 한다. '산천은 의구한데 인걸은 간데없네.' 생물학적 반감기를 비웃기라도 하듯 후손의 수가 근 1,000만 명에 육박한다는 칭기즈칸의 진화적

'퍼텐셜(potential)'은 가히 놀랍다.

하지만 이젠 생각을 좀 바꿔서 나로부터 시작해보자. 나의 어머니와 아버지, 어머니의 어머니와 아버지, 아버지의 어머니와 아버지, 할아버지의 어머니와 아버지……. 나를 나무 둥치의 맨 아래에 두고 위로 계속 올라간다고 상상을 해보자. 그러면 놀라운 사실이 드러나게 된다.

우선 떠오르는 생각은 지금의 내가 존재하기 위해서는 우리 조상들이 어떤 역경을 겪었든 상관없이 그들의 부모가 있었다는 사실이다. 그래서 이제 생물학의 제1법칙은 생명은 단 한 번의 단절도 없이 끊임없이 이어져 내려왔다는 명제로 자신의 모습을 바꾼다. 내가 자식을 낳지 않으면 나의 계보를 그린 그림은 가뭇없이 사라지겠지만 그렇다고 해서 결코 나의 부모의 존재 자체가 없어지지는 않는다.

나로부터 위로 올라가다 보면 머지않아 우리는 경순왕의 아들을 만날 것이고 또 기원전과 후를 살다간 율리우스 카이사르도 곁눈질로 만날 수 있을지 모른다. 나의 부모의 부모는 이제 크로마뇽인이 되었다가 두 발로 간신히 걷기 시작할 것이고 나무 위에서 벌레를 잡아먹으며 후식으로 잘 익은 과일을 두고 동료들과 겨루고 있을지도 모른다. 모진 시기를 거치느라 인간의 수가 급감하는 '병목'의 현장도 목격을 했고, 거대한 공룡의 발을 피해 애처로운 하루하루를 보낸 적도 있다. 물론 따뜻한 연못 근처에서 알을 낳은 적도 있었다. 아! 바닷물이 빠지면서 물이 줄어들었을 때는 지느러미를 펼쳐서 '팔 굽혀 펴기'를 하기도 했다. 바다에서의 삶은 쉽지 않았고 광포한 집게발과 흉악한 이빨을 가진 생명체를 피해서 기신기신 목숨을 유지한 적도 부지기수였다. 인간 계보의 먼 친척 중에는 광합성을 하면서 소화기관이 필요치 않은 집단도 있었다. 그들은 물고기보다 먼저 바다를 벗어나 씨를 만들고 공기 중의 팍팍한 삶을 견뎌내다 마침내 푸르른 나무로 우뚝 섰다.

그렇다. 나로부터 세상을 보면 우리 모두가 친척이고 형제다. 짐승을 사냥하다 대나무 이파리로 먹이를 바꾸기로 작정한 판다도 그렇고 우리 발치에 밟힐까 눈치를 보는 질경이나 개미도 마찬가지다. 그렇담 혹시 우리 조상이 현미경으로나 볼 수 있게 작았던 적이 있었을까? 아마 그랬을 것이다. 아니 그래야 맞다.

바로 이것이 생물학 제1법칙이 펼치는 인간 역사의 파노라마다. 그러나 지구 행성에 인간만 사는 것이 아니기 때문에 북아메리카의 거대한 삼나무도 지금까지 단 한 번의 끊임도 없이 생명을 이어왔다고 보는 것이 지극히 타당한 추론이다. 그래서 우리는 세상을 지금까지와는 다르게 보아야 한다. 다르게 어떻게? 현존하는 모든 생명체는 어떤 식으로든 인간과 맞닿아 있다. 사돈의 팔촌지간이라는 말이다. 모든 생명체가 유구한 역사를 갖고 있으며 어느 지점에선가 인간과 한 조상을 가졌을 것이라는 명제는 생물학과 장구한 지질학적 시간을 접목시킨 후에야 그 속내를 적나라하게 드러낸다.

생물학 제1법칙에 대한 또 다른 생각은 현재의 내가 존재하기 위

장구한 지질학적 시간으로

생물학을 보면 놀라운 사실이 드러난다.

현재의 내가 존재하기 위해서는 수많은 사람들과

혹은 사람이 아니었을 수도 있는 엄청난 수의 생명체가

지구 행성에 살았어야 한다는 것.

해서는 수많은 사람들과 혹은 사람이 아니었을 수도 있는 엄청난 수의 생명체가 지구 행성에 살았어야 한다는 점이다. 그것도 아주 오랫동안 끊어짐 없이.

간혹 우리가 개별 인간의 고귀함을 논할 때 생식과 태반 안에서의 발생을 언급한다. 1억 개가 넘는 정자 중 단 하나가 난자와 상견례를 치른다는 점을 떠올리기 때문일 것이다. 한 인간이 멀쩡하게 성인으로 클 때까지를 생물학적 입장에서 확률적으로 계산하지 못할 바 없다. 하지만 생물학 제1법칙이 표방하는 인간의 계통은 통계의 마법을 가볍게 뛰어넘는다. 그리고 그 인간 중 한 명이 나다. 그러므로 나는 돈과 명예와 지위 고하를 막론하고 고귀한 존재다.

모든 세포는 세포로부터

얼추 10만 개에 달하는 우리 머리카락의 평균수명은 대략 5년이다. 이 머리카락 한 가닥을 기다란 원통이라고 해보자. 몇 올의 머리털을 세로로 나란히 세우면 폭이 1밀리미터(㎜)가 될 수 있을까? 이는 머리카락의 직경이 얼마쯤 되겠느냐는 질문과 같다. 한국인 머리칼의 평균 직경은 80마이크로미터(㎛, 100만 분의 1미터)다. 그러므로 약 13개의 머리카락을 일렬로 세우면 1밀리미터가 된다. 우리는 머리카락을 눈으로 '볼' 수 있다. 하지만 세포는 어떤가? 주먹 쥔 손등을 뚫어지게 본다 한들 피부세포가 보일 리 만무하다. 인간의 눈은 자신의 몸을 구성하는 세포를 보지 못한다. 인간이 가진 세포의 평균 직경이 머리카락보다 훨씬 작기 때문이다. 얼마나 작을까? 인간의 세포 약 다섯 개를 나란히 세워야만 머리카락 하나 정도의 폭이 된다.

세포(cell)란 말은 12세기 초반 중세 수도원에서 수녀나 사제들이 머물던 방을 가리키던 용어였다. 그 뒤 영국의 과학자 로버트 훅은 인간의 시각을 미시세계까지 확장하는 현미경을 통해 관찰할 수 있었던 공통적인 미세구조물에서 사제의 방을 떠올리고 거기에 세포라는 이름을 붙였다. 세포는 생명체를 구성하는 기본 단위이다. 이들 개별 세포는 서로 소통하고 협력한다. 그렇지만 모든 생명체가 거추장스럽게 여러 개의 세포를 거느리지는 않는다. 필요할 때 잠시 연합을 하는 경우가 있지만 세균은 기본적으로 하나의 세포가 생명체 전부다. 세포 하나가 3미터에 이르는 콜러파라는 괴상한 조류(algae)가 없는 것은 아니지만 대부분의 세포는 눈으로 볼 수 없을 정도로 작다. 그러므로 인간의 눈에 보일 정도 크기인 생명체는 대부분 세포가 여럿인 다세포 생명체다. 식물도 다세포 생명체다.

수업시간에 가끔 나는 세포를 레고와 같은 빌딩 블록에 비유하곤 한다. 요새는 흔한 장난감이고 어른 마니아들도 있을 정도라니 레고는 다 알 것이다. 레고 블록 한 개를 하나의 세포로 간주한다면 몸통의 길이가 1밀리미터에 불과한 예쁜 꼬마선충은 세포 레고 블록의 숫자가 1,000개 남짓, 포도 껍질에 몰려드는 초파리는 1만 개가 좀 안 되는 작은 장난감이다. 타조 알이나 콜러파처럼 예외적으로 큰 세포가 없지는 않지만 다세포 생명체를 이루는 개별 세포의 크기는 서로 엄청나게 차이 나지 않는다. 꼬마선충의 근육세포와 아널드 슈워제네거의 근육세포의 크기가 서로 비슷하다는 뜻이다. 따라서 인간과 꼬마선충의 무게를 결정하는 것은 주로 세포의 숫자다.

이런 사실로부터 우리는 인간이 가진 세포 숫자가 30조~50조 개 정도라고 추론한다. 아이로니컬하게도 그 수는 우리 인간의 인식 범위를 훌쩍 넘어선다. 하지만 굳이 비유를 해보면 50조는 현재 지구 인구의 1만 배, 빛의 속도로 5년 동안 달린 거리를 킬로미터로 표현한 양이다. 그렇다면 인간이 보유한 세포 레고 블록의 종류는 얼마나 될까? 약 200가지라고 한다. 그중에서 가장 많은 양을 차지하는 세포는 무엇일까?

1위는 적혈구다. 25조 개 정도다. 인간 세포의 절반 이상이 적혈구인 셈이다. 한참 뒤처지는 2등은 혈관이 구멍 났을 때 땜질하는 혈소판이고 다음으로 골수세포, 뇌의 신경아교세포, 혈관을 구성하는 내피세포, 해독하는 간세포 등이다. 세포의 숫자만 놓고 보면 혈액을 따라다니면서 산소와 영양분을 운반하는 데 관여하는 세포들이 가장 흔하다.

그러나 다음 세대로 전달되느냐 그렇지 않느냐 하는 측면에서 인간의 세포를 구분한다면 이들 200종의 세포는 딱 두 종류로 나뉜다. 앞에서 얘기한 적혈구니 간세포니 하는 모든 세포들은 뭉뚱그려 자식 세대에 전달되지 않는 체세포로 분류된다. 후대에 대물림되는 세포는 생식세포라 불리는 난자와 정자, 단 두 가지밖에 없다.

우리가 흔히 믿듯 유전자만 후대에 대물림되는 것은 아니다. 사실 유전자를 포함하는 세포가 통째로 유전되는 것이다. 다세포 동물의 발생은 수정란이라 불리는 단 하나의 세포에서 오롯이 비롯된다. 수정란은 부모의 생식세포인 난자와 정자가 각각 하나씩 만나서 합체

세포는 생명체를 구성하는 기본 단위이다.
단 하나의 세포로 이루어진 생물도 있지만 눈에 보이는
대부분의 동식물은 여러 개의 세포로 이루어져 있다.
이들 개별 세포는 서로 소통하고 협력한다.

된 세포이다. 큰 바다가 한 방울의 물에 합류한 것과 같은 이 하나의 수정란이 다양한 기능을 전담하는 50조 개의 커다란 세포 덩어리로 분화해간다. 그게 우리 인간이다. 병리학의 창시자이자 '의학은 사회과학이고 정치는 거대 규모의 의학에 불과하다'고 주장하며 사회의학을 옹호했던 19세기의 과학자 루돌프 피르호는 '모든 세포는 세포로부터' 시작된다고 말했다. 맞는 말이다.

이제 미루어 짐작하겠지만 생명체의 대물림 과업은 고스란히 생식세포의 몫이다. 양쪽 합해 100조 개에서 차출되어 지금의 나를 빚은 두 개의 생식세포는 한 번의 끊어짐 없이 계속해서 부모, 부모의 부모로부터 장구히 이어져 내려왔다. 하나의 수정란과 그 안에 포함된 두 벌의 부모 유전자를 자손들에게 건강하고 안전하게 물려주기 위해 부모의 체세포는 최대한의 노력을 아끼지 않는다.

1,000년 전에도 10만 년 전에도 인간의 체세포는 늘 그래왔다. 인간 부모의 체세포 생물학은 본질적으로 애틋하고 아가페적이다.

산소와 숨쉬기

외계인의 대대적 침공으로 인한 인류 멸망 직전의 순간, 학생 스무 명과 어른 한 명이 남아 있다. 1분이 지나지 않아 어른도 숨을 거둘 것이다. 장차 인류의 대를 이을 이 어린 친구들에게 어른은 무슨 말을 해줄 수 있을까?

미국의 물리학자인 리처드 파인만은 "이 세상 모든 것은 원자로 이루어져 있다"고 말하겠다고 자못 비장한 어투로 다짐했다. 맞는 말이다. 세상은 결코 사라지지 않으면서 끊임없이 서로 충돌하는 100가지가 조금 넘는 원자로 구성되었다. 그중 몇 가지는 우리에게도 익숙하다. 금, 산소, 수소, 우라늄 등이 그런 원자들이다. 하지만 금이 있고 원자를 안다고 해서 어린 학생들이 전기를 만든다거나 곡식을 수확하지는 못하겠거니 생각하니 파인만의 저 '일갈'도 다소 맥 빠지는 느낌이 든다. 내가 마지막 남은 어른이라면 무슨 말을 할 수 있을까?

당장 먹고사는 데 별 도움은 안 되지만 파인만처럼 나도 폼 재는 말 한마디쯤은 할 수 있을 것 같다. "생명은 전자의 흐름일 뿐이다"

라고. 사실 화학(chemistry)이 듬뿍 가미된 저런 말을 한 사람들은 꽤 많다. 비타민 C를 발견해서 노벨상을 수상한 헝가리의 과학자 얼베르트 센트죄르지가 아마 처음일 것이고 『생명이란 무엇인가』를 쓴 오스트리아의 물리학자 에르빈 슈뢰딩거도 필시 저런 얘기를 했을 것이다.

전자는 원자를 구성하는 핵심적인 부품이다. 하지만 전자가 항상 원자에 붙박이로 고정되어 있지는 않다. 잠시 원자를 떠날 수도 있고 다른 원자들과 공동으로 소유될 수도 있다. 이런 식으로 전자가 움직이는 이유는 원자들도 잠시나마 안정을 꿈꾸기 때문이다. 전자를 잃어야 속 편한 원자가 있는 반면 기를 쓰고 전자를 갈구하는 원자도 있다. 전자를 대하는 원자들의 태도를 분류한 것이 바로 저 유명한 멘델레예프의 주기율표다.

고등학교 때 주기율표를 달달 외워야 했던 별로 달갑지 않은 기억을 가진 사람들은 많겠지만 산소가 전자를 보면 사족을 못 쓴다는 사실을 떠올리는 사람은 많지 않을 것이다. 녹이 슬었다는 말은 산소가 철에서 전자를 하나 빼어갔다는 뜻이다. 그렇다면 산소는 어디에서 왔을까? 화학적 과정을 통해 산소가 만들어지기도 하지만 전 지구를 녹슬게 만들고도 대기의 20퍼센트를 차지할 만큼 다량의 산소를 만든 것은 남세균이라 불리는 세균과 그의 친척인 조류(algae) 및 식물이다. 여기에 굳이 사족을 달자면 산소는 빅뱅이나 은하계의 탄생과 결부되지 않은 채 오롯이 생명체만이 만들 수 있는 거의 유일한 원자다. 산소가 생명체의 존재 증명이라는 말이다. 그렇다면 식물이나 조류는 무엇을 가지고 산소를 만드는 것일까?

바로 물(H_2O)이다. 물은 수소와 산소라는 두 종류의 원자가 결합한 물질이다. 반농담조로 '일산화이수소'라 불리는 물에서 전자를 뽑아내는 쉽지 않은 일을 남세균은 그예 해냈다. 지구 전체 역사에서 한 획을 긋는 순간이었다. 눈에도 보이지 않는 작은 세균이 물에서 전자를 뽑아내는 장치를 발명해낸 것이다. 이 세균은 나중에 조류나 식물의 세포 안에 들어와 한 식구가 된다. 생물학 교과서에서 세포의 내부공생이라고 불리는 사건의 결과였다. 남세균의 도움으로 이제 조류나 식물도 물을 깨서 확보한 전자에 태양에서 도달한 에너지를 버무린 다음 곧이어 이산화탄소를 거의 모든 생명체의 주식인 포도당으로 바꿀 수 있게 되었다. 광합성이라 불리는 이 과정의 불가피한 부산물이 산소(O_2)였다. 우리는 식물이 만든 포도당과 산소가 없으면 단 한순간도 살아갈 수 없다.

간략하게 정리하면 식물은 물을 깨서 산소를, 그와 동시에 이산화탄소를 고정해서 포도당을 만든다. 이렇게 만들어진 산소와 포도당은 정확히 반대의 과정을 거쳐 원래 상태로 순환된다. 종속 영양 생명체 구성원인 우리 인간이 매일 수행하는 소화나 호흡의 실체가 바로 그것이다. 우리 몸을 구성하는 37조 개의 세포는 주로 포도당을 깨서 그것의 원래 형태인 이산화탄소로 바꾸는 일을 수행한다. 이렇듯 질서

인간을 포함한 모든 동물은 식물이 만든 포도당과
산소가 없으면 단 한순간도 살아갈 수 없다.
산소는 빅뱅이나 은하계의 탄생과 결부되지 않은 채
오롯이 생명체만이 만들 수 있는 거의 유일한 원자다.

정연한 상태의 탄소인 포도당을 무질서한 이산화탄소 가스로 만드는 과정에서 확보한 에너지는 근육을 움직이거나 책을 보고 배운 사실을 기억하는 데 사용된다. 흔히 우리가 아데노신 3인산(ATP)이라고 부르는 에너지 통화(currency)가 이러한 활동을 매개한다.

한편 우리가 호흡한 산소는 세포 안에서 물을 만드는 데 쓰인다. 전자를 게걸스럽게 쫓아다닌 산소가 전자와 수소이온을 품어 결국 물이 되는 것이다. 물에서 나와 포도당에 안착한 전자는 우리가 에너지를 뽑아내는 과정에서 빠져나와 전자 전달계라 불리는 장치를 지나간다. 세포 내 발전소라고 하는 미토콘드리아에서 쉬지 않고 일어나는 일이다. 전자 전달의 최종 결과물이 바로 ATP와 물이다. 이렇듯 물에서 나온 전자는 물로 되돌아간다. 물에서 물로 흐르는 전자, 그것이 생명이다.

『책읽기의 괴로움』이란 책에서 평론가 김현은 프랑스 철학자 바슐라르의 육성을 이렇게 우리에게 전달했다. "인간은 행복하게 숨쉴 수 있도록 태어났다. 그러니 숨을 잘 쉬는 것을 어떻게 포기할 수 있겠는가?" 이를 생물학으로 풀어보면 어떻게 될까? 세포 안 미토콘드리아 발전소에서 원활히 흐르는 전자가 안전하게 산소를 만나 물로 변하는 생물학!

이것이 곧 세포의 목표이자 포기할 수 없는 우리의 행복한 숨쉬기다.

포유동물의 사치스러움

점화에 의한 가스 팽창이 피스톤을 움직이고 폭포에서 떨어지는 물은 터빈을 돌려 전깃불을 밝힌다. 연료가 계속 공급되고 상류에서 물이 지속적으로 흘러드는 한 자동차는 움직이고 터빈은 전기를 생산할 것이다. 이런 현상을 두고 사람들은 에너지의 총량은 변하지 않으며 다만 변환될 뿐이라고 말한다. 혹은 폭포 위의 물이 가진 위치 에너지가 전기 에너지로 변화했다고 얘기할 수 있을 것이다.

그러나 백두산 장백폭포처럼 그냥 아래로 떨어지는 물은 무슨 일을 했다고 생각할 수 있을까? 아마 자갈을 좀 더 아래쪽으로 밀어냈거나 아니면 지축을 흔들면서 지각을 구성하는 물질의 온도를 높였을 것이다. 아래로 떨어진 물이 폭포 위로 저절로 올라가지 못하듯이 터빈을 돌리지 못한 에너지도 다시 회수될 수는 없다. 이렇듯 유용한 형태의 에너지로 변환되지 못한 것들은 필연적으로 낭비되어 흩어진다.

우리가 먹는 음식물에 대해서도 이런 식의 설명이 가능할까? 못할 리 없다. 우리말에 '밥심으로 일한다'는 말이 있다. 인간은 음식물에 들어 있는 화학 에너지를 추출해서 일을 한다. 뛰고 생각하고 책을 읽는 모든 행위들에 바로 이들 에너지가 사용된다. 우리는 음식물에 포함된 화학 에너지를 끊임없이 공급받지 못하면 작동을 멈춰버리는 '비평형계' 생명체일 뿐이다. 깊이 생각해볼 것도 없이 지구와 지구 위 대부분의 생명체는 태양 에너지의 신세를 지고 있다. 우리가 먹는 밥이나 고기도 결국 태양에서 출발한 에너지가 전기화학적 변환을 거친 결과물에 불과하다. 태양빛이 미치지 않는 심해의 열수분출공에서 뿜어져 나오는 지구 내부 에너지를 이용해서 살아가는 소수의 생명체는 물론 예외이다.

이제 우리 입으로 들어온 화학 에너지의 운명을 쫓아가보자. 상황을 단순화하기 위해 밥만 먹는다고 가정해보자. 소화기관에서 소화되지 않고 몸 밖으로 나가는 10퍼센트를 제외한 90퍼센트의 밥 대부분은 포도당의 형태로 혈액에 들어온다. 혈액을 전신으로 순환시키는 심장 덕에 포도당은 신체 각 세포에 전달된다. 수십조 개에 달하는 인체의 세포들은 포도당을 잘게 쪼개서 에너지를 회수한다. 생물학책에는 포도당 한 개로 38개의 ATP(아데노신 3인산) 분자를 만들 수 있다고 적혀 있다.

ATP는 생명체의 에너지 통화라 불리는데 우리가 먹은 탄수화물은 ATP 형태로 전환되기 전에는 세포가 일을 수행하는 데 사용될 수 없다. 하지만 세포들은 실제 30개가 못 되는 ATP 분자를 만들 뿐이다. ATP라는 에너지 통화로 변하지 못한 포도당의 에너지는 세포 내부의 물을 덥히는 데 '적극적'으로 사용된다. 인간을 포함한 포유동물이나 새들은 자신들이 섭취한 영양소의 상당 부분을 열에너지로 바꾼다. 내연 기관의 온도가 올라 자동차 밖으로 흩어지는 것과 달리 포유동물은 한동안 열을 보존한다. 하지만 그 열은 어디에 보관될까? 생물학 교과서를 보면 우리 몸의 7할은 물이다. 생체 내에 포함되어 있는 여타 물질에 비해 물의 크기는 매우 작다. 따라서 순전히 분자의 숫자로만 따질 때 우리 몸은 거의 대부분 물이라고 볼 수 있다. 물이 가득 찬 풍선과 같은 육신이 내리누르는 중력을 오직 두 발로 서서 평생을 버티는 것이 바로 우리 인간의 운명이다.

비타민 C 연구로 1937년 노벨 생리의학상을 수상한 헝가리의 생화학자, 얼베르트 센트죄르지는 "생명은 고체의 장단에 맞춰 물이 추는 춤"이라고 말했다. 물을 제외한 인간의 육신 중 3할은 고체이고 그중 얼추 절반이 단백질이다. 물에 녹는 일부 단백질도 여기서는 의미상 고체 역할을 맡는다. 그렇다면 센트죄르지의 말은 "생명은 단백질의 장단에 맞춰 물이 추는 춤"으로 각색되고 생명은 "물이 추는 춤"이라는 말로 축약될 수 있다.

내가 보기에 물이 추는 춤의 핵심은 물의 온도를 일정하게 유지하는 정온성에 있다. 물의 온도가 10도 올라가면 효소 단백질의 활성은 두 배 증가한다. 40도 근처에서 최대 효율을 나타내는 단백질은 그보

극지방에서는 변온동물인 뱀을 볼 수 없다.
반면 새와 포유류는 정온성을 확보한 뒤
온대지방을 지나 극지방까지 생활터전을 넓혀나갔다.
대표적인 정온동물인 인간은 더운 여름날
에어컨 온도를 최저 18도까지 낮추면서
몸의 체온을 37도로 유지한다.

다 10도 정도 높은 온도에서 계란 흰자처럼 변성된다. 차가운 토굴에서 나와 몸을 따뜻하게 덥히지 못한 도마뱀의 미오신 근육 단백질은 쉽사리 움직이지 못한다. 파충류의 혈액, 즉 물도 춤을 추어야 하는 것이다. 변온동물인 이들 도마뱀은 태양을 향해 기꺼이 몸을 맡겨 체온을 높인 후에야 비로소 먹을 것을 찾아 나설 수 있다. 파충류들도 분명 물을 덥히겠지만 인간을 포함한 포유동물에 비해 훨씬 적은 양의 음식물을 입에 집어넣고 밤이 되면 기꺼이 체온을 떨어뜨린다.

반면 닭이 부산스레 모이를 쪼고 염소가 잠을 줄여가며 열 시간 넘게 풀을 씹는 이유는 바로 이들 몸을 구성하는 7할의 액체를 밤낮으로 데우기 위해서다. 그래야 아밀라아제와 셀룰라아제 효소가 전분이나 셀룰로오스를 효과적으로 분해하고 근육을 움직일 수 있다. 정온성을 확보한 동물들은 털로 몸을 치장한 뒤 온대지방을 지나 극지방까지 생활터전을 넓혀나갔다. 하지만 극지방 가까운 곳에서 뱀에게 물리는 사건은 좀체 일어나지 않는다.

지금껏 살펴보았듯 인간을 필두로 하는 포유동물은 양서류나 파충류 등의 변온성 동물에 비해 꽤나 사치스러운 삶의 방식을 택했다. 그리고 그 사치스러움은 정온성에서 극치를 선보인다. 체온만큼 기온이 상승하는 더운 여름날 에어컨을 틀어대며 자신의 환경을 10도 이상 낮추면서도 제 몸의 체온을 37도로 유지하기 위해 인간들은 계란이 열 개나 들어간 계란말이를 거침없이 먹는다.

낮의 길이

봄은 만물이 소생(蘇生)하는 시기다. 작년의 잎을 아직 매달고 있는 단풍나무도 봄이면 새로이 자줏빛 잎망울을 터뜨린다. 활짝 기지개를 켜는 식물과 달리 어떤 사람들은 봄에 아지랑이처럼 다소 무기력해진다. 우리는 이런 현상을 춘곤증이라고 부르고 거기서 벗어나려 애쓴다.

낮과 밤의 길이가 같은 춘분(春分)을 시나브로 지나 밤의 길이가 11시간 반보다 줄어들면 우리 뇌는 수면 호르몬인 멜라토닌을 적게 만들어낸다. 밤의 길이가 긴 겨울에 멜라토닌을 더 많이 만들어낸다는 뜻이기도 하다. 그렇다면 겨울잠을 자는 동물처럼 인간도 겨울에는 잠을 더 자는 게 생물학적으로 맞는 것 같다.

지구의 어느 지역에 사느냐에 따라 밤낮의 길이는 제각각이라 해도 하루의 길이는 24시간으로 일정하게 유지된다. 이 24시간을 주기로 인간의 생물학적 변화가 반복된다. 잠이 가장 대표적인 현상이다. 우리가 잠을 잘 때는 먹지 못하기 때문에 밤에는 소화를 담당하는 효소가 만들어지지 않는다. 그러면 이런 환경의 변화에 대응하여 하루의 활동 주기를 결정하는 사령부는 어디에 있을까? 그것은 뇌 시상하부, 시교차상핵이라는 그 이름조차 생소한 곳에 있다. 약 2만 개의 신경세포가 여기에 포진하고 있으면서 망막을 통해 들어온 빛의 세기를 느끼게 되는 것이다.

다른 동물에서와 마찬가지로 인간이 마주하는 외부 환경 중에서 가장 중요한 것은 단연 빛이다. 이 사실은 인간의 망막에서 색을 감지하는 세포가 450만 개인 반면 빛과 어둠을 감지하는 세포가 9,000만 개에 육박한다는 저 숫자의 엄정한 차이에서도 실감할 수 있다.

꽃이 피고 봄이 왔다는 것은 곧 낮의 길이가 길어졌다는 말이다. 햇볕이 더 강하고 더 오랫동안 내리쬐는 것이다. 이에 반응하여 우리의 신체는 체온이 올라가고 그에 따라 혈관이 확장된다. 5리터의 혈액이 돌아다니는 우리 혈관의 길이가 10만 킬로미터라는 점을 상기해보자. 혈관이 아주 조금만 팽창해도 혈압은 떨어지게 된다. 그 결과 뇌로 가는 산소의 양도 줄어든다. 따라서 봄이 되면 몸이 나른하고 피곤한 춘곤증이 나타나는 것이다. 낮의 길이에 따라 신체가 반응하는 현상은 시차 적응과 비슷하다. 인간의 몸이 늘어난 햇빛에 적응하는 데 2~3주가 걸리기도 한다.

앞에서 살펴보았듯 낮이 길어지면 우리 몸은 수면 호르몬인 멜라토닌을 적게 만드는 대신 '행복' 호르몬인 세로토닌을 더 많이 만들어낸다. 좀 더 왕성하게 활동하라는 뜻이다. 그러므로 적극적으로 빛을 찾아 나서고 활발하게 세로토닌을 만들어내면 일교차가 큰 환절기에 걸리기 쉬운 감염 질환도 피해갈 수 있다.

이렇듯 낮의 길이에 대응하여 행동이나 물질대사를 변화시키는 적응 방식은 동물, 식물은 말할 것도 없고 곰팡이, 세균 등 지구상 거의 모든 생명체가 보편적으로 취하는 전략이다. 하지만 밤과 낮의 가장 큰 차이는 무엇일까? 내가 보기에 그것은 광합성으로 귀결된다. 밤이 되면 식물도 광합성을 멈추고 동물처럼 산소를 소모하며 호흡한다. 밤이 되면 식물이건 동물이건 모두 이산화탄소를 밖으로 내보낸다. 하지만 해가 뜨면 식물과 조류는 이산화탄소를 포도당으로 전환시키면서 부산물로 산소를 방출한다. 이렇게 만들어진 산소를 감히 '쓰레기'라고 부르는 사람을 볼 수는 없겠지만 과거 먼 옛날 산소가 독성물질이었던 적이 있었다. 눈에 보이는 생명체라곤 전혀 존재하지 않았던 시절 얘기다. 따라서 낮에 만들어진 산소를 피하기 위해 세균들이 하루의 활동 주기(circadian rhythm)를 조절하는 '최초'의 체계를 발명했다는 말이 설득력 있게 들린다.

사실 산소를 피하는 일은 지구에 사는 모든 생명체에 해당되는 천형과도 같다. 인간도 예외는 아니다. 그래서 인간을 위시한 생명체들은 항산화제라는 물질을 만들어냈다. 항산화제에는 비타민 A나 C 혹은 E처럼 작은 물질이 있는 반면 단백질처럼 커다란 물질도 있다. 퍼록시리독신(peroxiredoxin)이라는 단백질은 광합성을 하는 남세균과 과일의 단맛을 좋아하는 초파리뿐만 아니라 쥐, 애기장대 등 거의 대부분의 생명체에 존재하며 빛의 길이에 따라 24시간을 주기로 그 양이 변화한다. 빛과 어둠은 무척 다양한 방식으로 생명 활동을 제어한다.

2017년 낮의 길이와 관련된 한 가지 흥미로운 연구가 《사이언스 중개 연구》라는 저널에 발표되었다. 낮에 입은 상처가 밤에 다친 상처보다 더 빨리 회복된다는 내용이었다. 그게 사실이라면 밤이 아니라 낮에 화상을 입은 사람의 피부가 더 빨리 회복될 것이라 예측할 수 있다. 그리고 그 예측은 정확히 맞아떨어졌다. 밤에 화상을 입은 사람의 상처가 회복되는 데 60퍼센트나 더 긴 시간이 걸렸다는 결과가 나온 까닭이다. 그러므로 부득이 수술을 하게 되는 경우라 해도 가능하면 낮에 하는 게 좋겠다는 얘기가 곧바로 따라 나오게 된다.

그렇다면 우리 마음에 새겨진 상처도 밝고 꽃이 피는 봄에 더 빨리 회복될 수 있을까? 생물학적으로는 그럴 수 있겠다는 생각이 든다. 행복 호르몬인 세로토닌이 많이 분비되기 시작할 테니까. 하지만 그것뿐일까? 이 글을 쓰는 지금은 4월 초입이다. 16일이 다가오며 다시 꺼내어 보는 것이 있다. 노란 리본이 가시광선을 감지하는 우리 망막 안의 세포를 따라 뇌에 그 모습을 새긴다. 햇볕이 내리쬐는 시간이 길어지는 그 바다를 우리는 지긋이 응시할 것이다.

봄은 꿈이다

막 피어난 수수꽃다리 꽃에 앉아 날개를 접고 꿈을 꾸는 나비는 태양에서 날아온 광자(photon)에 흠뻑 취해 있다. 이런 나른하고 이완된 기운은 금방이라도 나까지 엄습할 듯하다. 잠을 충분히 잤는데도 유독 봄에 피곤하고 무기력한 증상을 우리는 춘곤증이라고 부른다. 낮이 길어지고 꽃이 피기 시작하는 봄, 북반구 대륙에 사는 사람들에게서 흔히 볼 수 있는 현상이다. 긴 겨울 동안은 햇볕이 내리쬐는 낮의 길이가 짧기 때문에 우리 몸속 행복 호르몬인 세로토닌의 재고가 바닥난다. 이에 반해 수면 호르몬인 멜라토닌이 여전히 기승을 부리기 때문에 춘곤증이 생긴다는 가설도 있다. 또는 기온이 올라가 혈관이 이완되고 혈압이 떨어져서 그렇다고 말하기도 한다. 하지만 머지않아 그런 증세가 사라지기 때문에 우리는 춘곤증에 대해 크게 염려하지는 않는나. 그러나 평균 시간만큼 잠을 자지 못해서 잠의 고리(高利) '빚'에 시달리면 문제가 될 수도 있다.

기네스북에서조차 '잠 안 자고 버티기' 기록 분야를 폐지했을 만큼 과학자들은 부족한 잠이 건강에 미치는 악영향에 대해 다각도로 연구했다. 너무 많이 자도 좋을 것은 없지만 아이로니컬하게도 현대인들은 세탁기나 냉장고 혹은 휴대폰과 같은 '시간 절약 기계' 살 돈을 버느라 잠잘 시간을 앗기는 일이 다반사다. 이런 수면 부족은 우리 몸 곳곳에 스트레스를 불러온다. 그래서 수면 과학자들은 평균 수면 시간보다 잠을 적게 자는 행위가 빚을 지는 일이라고 단정 지어 말한다.

사실 평생 지속되는 인간의 행동 중 잠이 압도적으로 많은 시간을 차지한다. 운동하거나 밥을 먹는 시간은 잠자는 시간에 비할 바가 못 된다. 그래서 과학자들은 동물의 몸속에 수면을 유도하는 기구(machinery)를 켜고 끄는 스위치가 분명 있을 것이라고 생각하고 그것을 찾아내기에 이르렀다.

인간을 대상으로 실험하기는 어렵기 때문에 과학자들은 주로 초파리를 사용한다. 포도껍질에 몰려드는 자그마한 곤충 말이다. 생긴 것은 보잘 것 없지만 이들의 유전체는 인간의 그것과 비슷하고 기능적인 면에서도 흡사한 부분들이 많다. 초파리들도 잠을 설치면 집중력이 현저히 떨어지고 수명도 줄어든다. 하지만 남들보다 적게 자면서 정상적인 생활을 영위하는 사람들도 있는 까닭에 동물의 수면을 조절하는 유전적 소인이 있을 것이라고 추정하고 연구한 과학자들이 있었다.

2005년 위스콘신 대학의 줄리오 토노니 교수는 9,000종의 초파리

돌연변이체를 조사한 뒤 칼륨 채널을 암호화하는 셰이커(shaker)라는 유전자에 문제가 있으면 잠을 적게 잔다고 보고했다. 뒤이어 수면을 유도하면서 동시에 항균 작용을 하는 유전자도 알려졌다. 잠을 자는 일이 곧 면역계를 강화시킨다는 점을 증명한 셈이다. 기억을 관장하는 뇌의 부위가 잠 역시 관장한다는 사실도 밝혀졌다. 잠을 자지 않으며 공부하면 학습 효과가 줄어들 수 있다는 뜻이다.

최근 과학자들은 잠을 잘 때 활발하게 일하는 한 무리의 신경세포들이 초파리 뇌 속에 존재한다는 사실을 알아냈다. 이 세포들이 밤에 일하지 않으면 잠을 못 자는 것이다. 따라서 이들 세포가 일을 잘 하도록 수면 환경을 조성하면 곧 불면증을 치료하는 수단이 될 수 있다. 이렇듯 생명체가 잠에 들 수 있게 단백질의 활성을 조절하는 일이 초파리로부터 인간에 이르기까지 잘 보존되어 왔다면 잠은 결국 동물의 보편적 특성이라고 볼 수 있을 것이다.

여러 연구 결과를 바탕으로 과학자들은 잠의 기능이 일반적으로 뇌와 근육에 휴식 시간을 주거나 손상을 회복하는 일, 포식자를 피하는 일, 에너지를 절약하는 일 및 정보 처리와 저장 등이라고 얘기하고 있다. 이러한 몇 가지 효과를 포괄적으로 설명하는 연구 결과가 2019년 3월 《네이처》에 보고되었다. 그 결과에 따르면 잠은 체내에 누적된 활성산소를 제거하고 생체 내 에너지 상태를 재정비한 후 다음 날을 대비하는 행위라고 볼 수 있다.

산소와 함께 살기 때문에 우리는 어쩔 수 없이 산화적 스트레스에 시달리게 된다고 말한다. 음식물에서 채굴한 전자가 간혹 부적절하게 산소와 결합하는 까닭이다. 녹슨 쇠도 '화학적'으로 산화적 스트레스에 시달린다고 보면 된다. 지구에 사는 모든 생명체는 직접적이든 간접적이든 산소를 다루어야 한다. 우리 세포 안의 에너지 발전소인 미토콘드리아는 산소가 없으면 에너지 효율이 급격히 떨어지면서 연료가 바닥 난 자동차처럼 주저앉고 만다. 그러므로 우리 몸의 모든 세포는 잠시도 쉬지 않고 부산스레 산소를 써서 에너지를 만들어야만 간신히 하루를 살 수 있는 것이다.

천형처럼 산소와 함께 사는 동안 동물은 잠을 자야만 한다. 내려오다 만 모래시계를 뒤집듯 잠을 설친 뒤 활성산소를 이고 진 채로 출근길에 나서는 사람들의 어깨는 축 처질 수밖에 없다. 비단 인간만 그런 것도 아니다. 세포분열 시간이 불과 30분이 안 되는 대장균도 어떤 식으로든 '휴식' 시간을 가질 것이다. 또한 행동을 기준으로 봤을 때 잠을 자지 않는다고 알려진 귀뚜라미나 얼룩물고기 또는 개구리도 반드시 잠을 자야 할 것이다. 다만 그들이 어떻게 잠을 자는지 우리가 아직 자세히 모를 뿐이다.

파킨슨이나 알츠하이머병이 본격적으로 시작되기 전에 먼저 수면의 질이 급격히 떨어진다는 사실은 익히 잘 알려져 있다. 운동이나 기억을 담당하는 신경세포를 허물어뜨릴 단백질의 손상이 수면을 관장하는 신경세포에도 영향을 끼친 것이다. 만약 다른 어떤 생리학적 과정보다도 수면이 질병을 치유하는 월등한 능력을 가지고 있다면 아마도 잠을 잘 자는 행위는 곧 우리가 행복하게 사는 일과 직결된다. 그렇다면 만나는 사람마다 등이라도 치면서 서로 잠을 권해야 하지 않겠는가? 낮이 길어지는 4월은 잔인한 달이라지만 어쨌든 꽃은 피는 게고 솟아오르는 아지랑이와 함께 우리도 나른한 나비의 꿈을 한번 꾸어봄 직하다.

하루 한 끼

인간은 잘 때 먹지 않는다. 잠자는 동안 우리는 탄수화물이나 단백질과 같은 영양소를 소화할 효소도 만들지 않는다. 따라서 이들 단백질을 암호화하는 유전자의 스위치도 꺼버린다. 잘 때 먹지 않는다는 이 짧은 문장을 뒤집어 읽으면 '우리는 깨어 있을 때에만 음식을 먹는다'가 될 것이다. 그렇다면 언제 먹을까? 모든 사람이 매일매일 하는 일이니까 우리는 이미 답을 잘 알고 있다. 아침, 점심 그리고 저녁이다.

얼마 전에 초등학생들 방학계획표 그리듯 깨어 있는 시간을 셋으로 나누고 그 시간만큼 교대로 밥을 안 먹겠다고 선언한 사람들이 화제가 된 적이 있다. 당시 그들은 '릴레이 단식'이란 표현을 사용했다. 그래서 나도 잠시 짬을 내서 계산해보았다. 1900년대 초반 인류는 평균 9시간을 잤다고 한다. 하지만 현재 인류의 평균 수면시간은 7시간 30분 정도다. 평균을 얘기할 때면 늘 수많은 개별자들이 눈앞에 떠오르지만 일단 계산을 해보자. 하루 7시간 30분 잔다면 깨어 있는 시간은 16시간 30분이다. 이를 3으로 나누면 5시간 30분이다. 아침에 일어나 바로 단식을 시작한 사람의 행적을 따라가보자. 오전 7시 30분에 일어난 사람은 그때부터 단식에 돌입하여 오후 1시에 바통을 넘겨주고 그때부터는 자유롭게 밥을 먹을 수 있다.

안타까운 아침잠 10분을 위해 아침도 못 먹고 출근하는 길에서 이런 뉴스를 들었다면 그야말로 실소할 일이지만 어쨌든 그 단식에 동참했던 사람들은 내게 하나의 생물학적 질문을 던져주었다. 우리는 왜 하루 세 끼를 먹는가? 두 끼 혹은 한 끼를 먹으면 안 되는가? 이런 질문에 답하기 위해 과학자들은 보통 두 가지 접근 방식을 취한다. 하나는 다른 동물들의 행동과 마찬가지로 인간도 밤과 낮의 주기적 리듬에 따라 생활하도록 적응했다는 생물학적 의미를 되짚어보는 일이다. 인류는 오랫동안 해가 지고 어두워지면 자고 잘 때는 먹지 않는 신체 리듬에 적응해왔다. 이른바 일주기 생체 리듬이라고 불리는 현상이다. 하루 24시간을 주기로 생리 혹은 대사 과정이 주기적으로 매일같이 반복된다. 이 리듬이 깨지면 우리는 쉽게 살찌고 스트레스에도 매우 취약해진다. 하지만 인간이 불을 밝혀 밤을 낮처럼 쓰면서 생체 리듬이 일상적으로 깨지는 상황이 찾아왔다. 평소 잠을 자던 시간에 잠을 자기는커녕 오히려 먹는 일이 빈번해졌기 때문이다. 화석연료를 사용하거나 댐처럼 높은 곳에 담긴 물의 중력을 이용하여 전기를 생산하면서 벌어진 일이다. 그러므로 우리는 역사 시기 이후 먹고 사는 인간의 행위를 살펴보아야 한다. 이것이 끼니의 역사에

밤이 되면 식물은 광합성을 멈춘다.

인간도 해가 지고 어두워지면 일상을 멈추고 잠을 잔다.

하지만 인류가 불을 밝혀 밤을 낮처럼 쓰게 되면서 뇌와 근육에
휴식을 주고 다음 날을 대비하는 수면시간이 줄어들었다.

또한 불이 꺼지지 않는 도시에서 인류는
너무 많은 음식을 밤에 먹기 시작했다.

대한 두 번째 접근 방식이다.

지금처럼 전 세계적으로 세 끼니가 자리를 잡은 것은 미국의 영향이 크다고 말한다. 산업혁명의 영향으로 도시로 몰려든 노동자들이 정해진 시간에 함께 모여 이윤을 극대화할 수 있도록 작업시간을 할애하다 보니 규칙성과 세 끼니 개념이 등장했다는 것이다. 그러니까 지구에 사는 사람들이 하루 세 끼를 먹는 일이 일상화된 지는 불과 200년도 되지 않았다. 세 끼니 말고도 산업혁명의 여파는 컸다. 가장 명시적인 효과는 아마도 전기가 상용화되면서 전 세계가 하루 24시간 일주일 내내 가동되는 체계로 전환된 것일 것이다. 전 세계 노동자의 10퍼센트 이상은 밤낮을 바꿔 교대작업을 한다고 한다. 하루 종일 사무실과 산업 현장의 불이 꺼지지 않는다. 산업혁명은 밤이 되면 먹지 말아야 한다는 생물학적 명제에 인간이 공식적으로 불복종을 선언한 근대적 사건인 셈이다.

2014년 미국의 국립노화연구소 마크 맷슨 박사는 음식을 섭취해야 하는 시간을 신체가 생물학적으로 결정한다고 말했다. 사회적으로 결정된 것이 아니라 유전자 혹은 세포가 원하는 '끼니'가 있다는 뜻이다. 《비만*Obesity*》이라는 잡지에 실린 논문에서 하버드 대학 브리검 여성 병원의 프랭크 시어 박사는 어두워 배고픔이 최고조에 이르기 전에 식사를 해야 한다는 일주기 생체 리듬 데이터를 제시했다. 그 연구에 따르면 잠에서 바로 깬 아침에는 오히려 배고픈 느낌이 가장 적었다. 이는 아침을 든든히 먹어야 한다는 통념과는 사뭇 다른 결과였다. 또한 이 연구 결과는 인간이 하루 세 끼를 먹는 일이 생물학적으로 에너지 과잉 상태를 초래할 수 있다는 뜻이기도 하다. 세 끼를 빼지 않고 먹는 중에 우리는 흔히 스낵도 먹는다. 진화적으로 스낵은 사냥 나갔다가 우연히 잡은 토끼 같은 것이다. 늘 먹는 끼니에 반해 간혹 먹는 음식물에 해당한다고 볼 수 있기 때문이다. 쿠키나 파이, 초콜릿, 과자, 라면 등이 모두 스낵이다. 인간의 역사에 본격적으로 편입된 발효식품인 술도 에너지 함량이 높은 스낵의 일종이다. 세 끼, 그리고 그 사이사이에 특히 점심과 저녁 식후에 먹는 스낵은 일주기 생체 리듬을 교란할 뿐만 아니라 비만과 고혈압과 같은 현대적 의미에서 '인간이 만든 질병'의 직접, 간접적인 원인이 된다.

우리는 먼 조상에 비해 에너지가 농축된 음식물을 거리낌 없이 먹는다. 불로 익히거나 가루 내서 익혀 소화하기 쉽게 가공된 음식물이 도처에 넘쳐난다. 오직 유일하게 인간만이(모든 인간은 아닐지라도) 언제든 포만하게 먹을 수 있는 지구 역사 최초의 기회를 얻었다. 이 말은 거꾸로 해석하면 인간의 유전자와 세포가 굶주림 속에서 오랫동안 단련되었다는 뜻이 된다. 굶주림의 시기를 거치면서 인간은 음식이 넘쳐나는 시기에는 배불리 먹고 그것을 지방의 형태로 저장했다. 이런 방식이 우리 조상의 생존에 유리했기 때문이다. 운동을 열심히 해도 쉽게 살이 빠지지 않는 이유가 인류의 이런 대물림과 관련이 있다고 보는 과학자들도 적지 않다.

최근 들어 평소의 절반 정도의 열량을 매일 섭취하거나 아니면 하루는 굶고 다음 날은 평소처럼 먹는 일을 반복하는 간헐적 단식이 스트레스에 대한 저항성을 높이고 상처를 치유하며 여러 대사 질환을 예방할 수 있다는 논문이 여러 편 나왔다. 그럴 수 있겠구나 고개가 끄덕여진다. 하지만 행복하게 가끔씩 배불리 잘 먹는 일도 삶의 한 즐거움이라는 느낌을 저버리지 못한다.

다만 수저를 들기 전에 한 가지만 생각하자. 먹는 절대량을 좀 줄이고 되도록 밝을 때 동료나 친구, 가족과 즐겁게 먹자. 그리고 행복하게 숨을 쉬자.

길가메시 프로젝트

2018년 4월 21일 일본 남단인 가고시마현에 사는 한 노인이 별세했다. 그 사건이 전 세계의 이목을 끈 이유는 죽기 직전까지 그 노인이 지구에서 나이가 가장 많은 사람이었던 까닭이다. 19세기의 마지막 해인 1900년에 태어난 다지마 나비는 프랑스의 잔 칼망, 미국의 세라 나우스에 이어 인류 역사상 세 번째로 오래 살았던 사람이다. 말할 것도 없이 생몰 연도가 문서에 기록된 경우만 유효하다.

다지마 나비는 117년 8개월을, 칼망은 122년 6개월, 나우스는 119년 2개월을 살았다. 모두 여성인 이들은 110년을 넘게 산 초장수(super-centenarian) 인간 집단에 속한다. 가장 오래 살았던 남성은 일본인인 기무라 지로에몬이며 116세를 살았다고 한다.

기원전 인류 최초의 서사시를 쓴 수메르의 길가메시를 시작으로 중국의 진시황제 등 수많은 사람들이 영생을 꿈꾸었지만 역설적으로 그들은 인간의 생명이 유한하다는 사실만을 밝힐 수 있었다. 생물학에서 자주 발견되는 예외도 죽음을 비켜 가지는 못했다. 그러나 사람들은 지금도 수명을 늘리기를 꿈꾼다. 구글까지 나서서 500세 수명을 목표로 벌거숭이두더지쥐를 연구하고 있다. 보통 쥐의 수명이 2~3년임을 감안하면 30년을 넘게 사는 저 두더지쥐에 과학자들이 현혹되는 것도 무리는 아니다. 그렇다면 인간의 수명은 생물학적 한계가 있는 것일까 아니면 의학과 기술의 진보와 더불어 더 연장할 수 있는 것일까?

지난 세기 인간의 기대 수명이 대부분의 국가에서 증가했던 눈앞의 증거가 워낙 확고했기 때문에 사람들은 흔히 인간의 수명에 한계가 없을지도 모른다고 믿는다. 그렇지만 그것은 신생아 사망률을 극적으로 줄였던 공중 보건과 환경 위생의 개선에 힘입은 바가 컸다.

미국 앨버트 아인슈타인 의대의 과학자들은 1968년 이후 41개국의 사망자 기록이 담긴 국제 수명 데이터베이스를 훑어서 인간의 수명에 어떤 패턴이 있는지 조사했다. 2016년《네이처》에 실린 이들 논문의 결론은 의외로 단순했다. 오래 사는 사람들의 수는 현재에 가까울수록 증가했지만 일정 시점에 이르면 더 이상 늘어나지 않았던 것이다. 가령 105세까지 산 사람들의 수는 늘었지만 123세까지 살았던 사람은 아무도 없었다. 사실 100살이 넘은 사람 1,000명 중 하나가 110살 문턱을 넘는다고 한다. 오래 사는 일은 결코 쉽지 않다.

생물학적으로 장수와 관련된 유전자가 있다고 믿는 사람들은 그것의 실체를 찾아다닌다. 장수하는 사람들이 많은 일본의 어느 지역

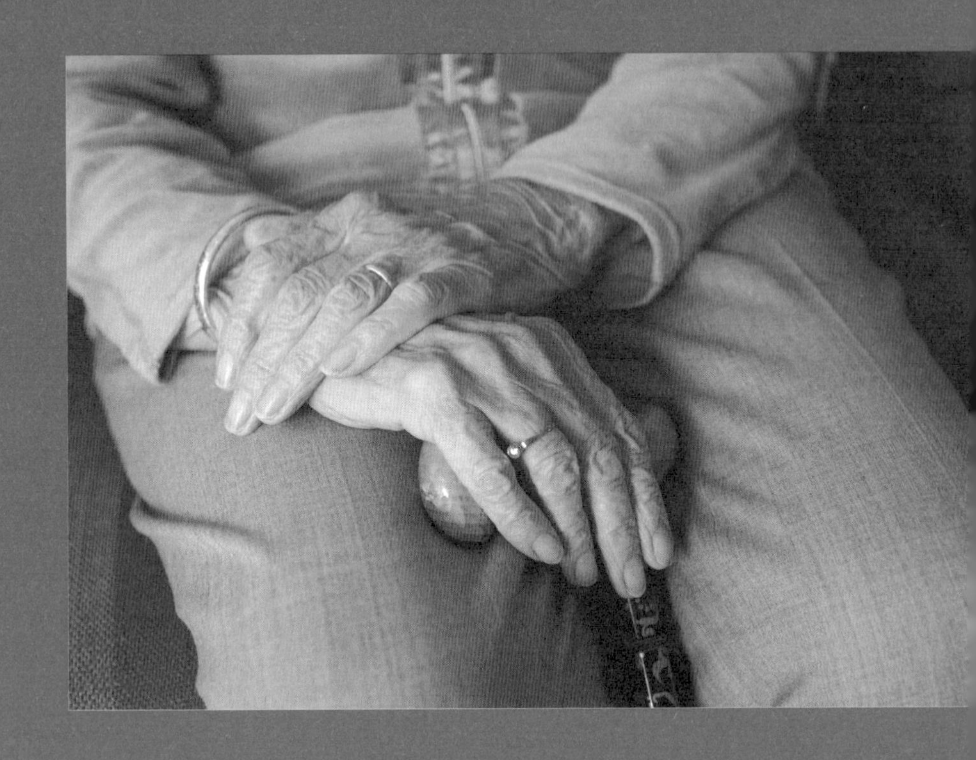

유사有史 이래 수많은 사람들이 영생을 꿈꾸었다.

그러나 역설적으로 인간의 생명이 유한하다는

사실만을 밝힐 수 있었다.

을 찾아 거기 사는 사람들의 미토콘드리아 유전체 돌연변이를 찾아냈던 연구 결과도 있다. 그러나 역학 연구 결과는 인간의 최대 수명이 125세를 넘지 못한다고 단언한다. 나도 그렇게 생각한다. 여태껏 오래 살았던 사람 20명의 사진을 보면 우리는 쉽게 인간의 근육에 새겨진 세월의 파괴력을 확인할 수 있다.

단순하기 이를 데 없지만 인간은 채워진 마개를 연 채 수돗물을 틀어 물을 채우고 있는 욕조에 비유할 수 있다. 수돗물이 계속 공급되지 않으면 욕조 안의 물은 소용돌이를 멈추고 마침내 사라지고 말 것이다. 저 간단없이 공급되는 수돗물을 우리는 업이라고도 하고 생물학적으로는 물질대사라 부른다. 인간은 입으로 들어온 영양소를 물질대사를 통해 산소와 버무려 물을 만들고 그 과정에서 에너지를 얻는다. 하지만 그 효율은 50퍼센트를 밑돈다. 열로 소모하는 영양분이 많다는 뜻이다. 물론 우리는 체온을 일정하게 유지하는 데 그것을 사용한다.

문제는 산소다. 우리는 폐를 통해 들어온 산소를 다 쓰지 않는다. 그 증거는 적도 부근에서와 극지방 근처에서 정맥에 흐르는 혈액의 색이 다르다는 데서도 찾아볼 수 있다. 사실 적도 부근에서 정맥혈의 색이 더 붉다. 심장으로 돌아오는 적혈구가 산소를 더 많이 싣고 있다는 뜻이고 이 말은 신체가 산소를 적게 소모했다는 뜻이기도 하다. 이와는 반대로 추운 극지방에서는 산소를 알뜰히 써서 에너지뿐만 아니라 열도 생산해야 살 수 있다. 이런 관찰을 토대로 네덜란드 상선의 독일 의사 마이어는 열역학 법칙을 고안했다. 입으로 들어온 영양소가 지닌 에너지는 사람이 수행하는 여러 가지 일을 하고 나머지는 열로 변환되지만 총량은 변화하지 않는다는 사실을 정맥의 혈액 색깔에서 추론한 것이다. 대단한 상상력이다.

최근 나는 우리가 사용하는 산소의 양이 호흡한 총량의 약 30퍼센트에 불과하다는 사실을 새롭게 알게 되었다. 인간은 이 사용하지 않은 70퍼센트의 산소도 덥히기 위해 애를 쓴다. 게다가 우리가 들이마시는 공기의 80퍼센트는 질소이다. 겨울에 우리는 저 질소도 덥혀서 공기 중으로 헛되이 내보낸다. 물리학자들은 저 헛된 노력을 엔트로피가 증가한다고 표현한다. 물이 담긴 비커에 퍼지는 한 방울의 잉크 입자처럼 인간이 음식을 먹고 욕조의 소용돌이를 돌리는 한 엔트로피는 증가하게 되어 있다.

그 증가된 엔트로피는 120살 먹은 노인의 피부에 새겨진 주름으로, 또 그들을 굼뜨게 걷게 하는 근육의 퇴화로 이어진다. 하지만 수명을 연장하려는 노력 한쪽에 최저임금에도 못 미치는 임금으로 살아가는 20대의 팔뚝에 펼쳐질 100년의 세월은 또한 얼마나 허망한 것인가? 그러니 우리는 낭비되는 산소의 소비를 줄이기 위해 입으로 들어가는 '수돗물'의 양을 줄일 일을 심각하게 고려할 때가 되었다.

45억 년

우리는 지구가 생긴 지 45억 년이 넘었다고 배운다. 얼추 100마이크로미터인 머리카락 한 올의 지름을 1년이라 치면 지구의 나이는 서울에서 부산까지의 거리인 약 450킬로미터에 해당한다. 우리의 머리카락 45억 개를 빈틈없이 잇대 세우면 서울에서 부산까지 일직선으로 연결할 수 있다는 말이다. 사퇴하긴 했지만 한때 나와 동종업계 사람처럼 보였던 한 장관 후보자는 지구의 나이가 6,000년 정도라고 '신앙적으로' 주장했다. 여기저기 뒤져보니 1650년대 아일랜드의 주교 제임스 어셔라는 사람이 성서를 꼼꼼히 해석한 뒤 지구가 기원전 4004년 10월 23일에 탄생했다고 말했단다. 이 주장에 따르면 2020년 현재 지구는 6,024년에서 몇 개월 모자란 세월을 살았다. 앞의 비유를 적용해보면 지구의 나이는 머리카락 6,000개가 나란히 선 거리, 60센티미터에 불과하다. 이는 성인의 보폭보다 짧고 어릴 적 우리 집 마당에 있던 우물의 반지름 정도가 될까 말까 한 길이다.

그런데 과학자들은 지구의 나이가 45억 년 정도라는 사실을 어떻게 알았을까? 내가 발을 딛고 선 이 지구라는 땅덩어리에 대해 거의 '아는 것이 없다'는 불편함이 책을 쓰는 계기였다는 『거의 모든 것의 역사』나 광물과 지구가 함께 진화해왔다는 사실을 설득력 있게 제시하는 『지구 이야기』에는 지구의 나이를 캐기 위해 노력하는 수많은 과학자들이 등장한다.

17세기 이후 유럽의 과학 혁명 시기에 지구의 나이를 알고자 하는 사람들은 무척 많았다. 꼬리 달린 혜성을 발견하고 그것에 자신의 이름을 붙인 에드먼드 핼리는 바닷물 속에 들어 있는 소금의 총량과 강을 통해 매년 바다로 흘러드는 소금양을 측정하면 지구의 나이를 알 수 있다고 추론했다. 1715년의 일이다. 대기 중의 이산화탄소를 머금은 산성비가 대륙을 침식시켜 지각의 염분을 쓸고 바다로 갈 것이기에 이런 추론은 상당히 그럴싸하다. 하지만 당시의 기술로 민물은 고사하고 바닷물에 녹아 있는 소금의 양을 측정할 수 있는 사람은 아무도 없었다. 그것을 증명할 실험적 방법이 없다면 그 어떤 가설도 상상의 테두리를 넘어서지 못한다.

비글호를 타고 항해하던 5년 동안 찰스 라이엘의 『지질학의 원리』를 탐독했던 다윈은 영국 남부 지역의 지질학적 변화가 얼추 3억 년에 걸쳐서 완성되었다고 『종의 기원』 초판에서 한때나마 주장했다. '한때나마'라고 쓴 까닭은 『종의 기원』 3판에서 다윈이 슬며시 그 내용을 빼버렸기 때문이다. 극심했던 종교계의 반대로 인해 자신의 이론이 훼손될까 두려워했을지도 모르겠다. 19세기 가장 위대한 과학자 중 한 사람인 켈빈 경도 지구 나이를 추산하는 데 합세했다. 하지만 그도 당대에 축적된 과학 지식의 한계를 넘어서지는 못했다. 지구를 먹여 살리는 태양이 수천만 년 동안 꺾이지 않고 그 기세를 유지할 수 있다는 사실을 도저히 설명할 수 없었기 때문이었다. 켈빈은 4억 년에서 1억 년으로 계속해서 지구의 나이를 줄여나가다가 최종적으로는 2,400만 년이라고 말했다. 1897년의 일이다. 20세기가 다 되었을 당시의 과학자들은 축적된 과학 지식과 인류의 이성에 기반을 둔 지구의 나이를 수천만 년까지 늘려놓았다.

지질학적 변화나 화석을 통해 드러난 증거는 지구의 역사가 다윈이나 지질학자들이 짐작하는 것보다 훨씬 길다는 점을 암시했지만 그 사실을 증명하기까지는 시간이 좀 더 필요했다. 19세기 후반 지구의 나이를 추정하는 데 결정적 계기를 제공하는 사건이 있었으니 바로 동위원소의 발견이다. 서랍 속 포장된 사진판 위에 우라늄 광석 덩어리를 던져두었던 프랑스의 앙리 베크렐은 나중에 사진판에서 빛에 노출된 듯 우라늄 광석의 흔적이 새겨진 모습을 발견했다. 베크렐에게 우라늄 광석을 받은 마리 퀴리는 특정한 암석이 일정한 양의 에너지를 방출할 수 있다는 사실을 알게 되었고 그 성질을 방사능이라고 불렀다. 여세를 몰아 라듐, 폴로늄이라는 방사능 물질을 발견한 퀴리는 노벨 물리학상과 화학상을 연거푸 받았다.

얼마 뒤 물리학자 러더퍼드는 방사능 원소가 붕괴되면서 엄청난 양의 에너지를 방출하고 그 때문에 지구 내부가 뜨겁다는 사실을 발표했다. 게다가 그는 우라늄 원소가 납 원소로 변할 수 있다는 사실도 알아냈다. 이제 인류는 지구의 역사를 연구할 수 있는 과학적 기반을 한껏 다졌다. 20세기 초 우라늄 원석 연구를 파고든 러더퍼드는 그 암석이 7억 년이 넘은 물체라고 발표했다. 21세기인 현재 우리는 우라늄 원소의 반감기가 약 45억 년이라는 사실을 잘 알고 있다. 지구 탄생 초기에 우라늄 원소가 100개 있었다면 지금은 50개 정도가 남았다는 뜻이다. 이는 우라늄 50개가 납 원소로 변했다는 말과 같은 의미이기도 하다. 다시 45억 년이 지나 지금보다 태양의 온도가 더 떨어지게 되면 25개의 우라늄과 75개의 납 원소가 남아 있을 것이라고 예측할 수 있다. 별다른 일이 없다면 그 예측은 들어맞을 것이다. 그것이 우리가 살고 있는 '현재'의 과학적 지식에 바탕을 두고 있기 때문이다.

그렇기에 50살이 넘은 나더러 사실은 당신이 49살에 태어났으니 고작 1년을 산 것에 불과하다고 속삭인대서 믿을 내가 아니다. 믿음의 세계에서 과학적 질문이 설 자리는 비좁다. 지금껏 인류의 역사는 과학적 질문이 자신의 영토를 확장해온 기록이 아니었던가?

3억 년 묵은 원소를 마구 쓰다

고부천이 북으로 흐르다 본류인 동진강과 합류하기 전 왼편 너른 들녘에 기껏해야 해발 20미터도 되지 않는 야트막한 산이 자리하고 그 산 가장자리 양지바른 곳을 골라 옹기종기 초가집들이 들어선 곳에서 나는 어린 시절을 보냈다. 집에 전기는 물론 수돗물도 들어오지 않으니 사람들은 동네에 하나밖에 없는 우물에서 물을 길어 물독을 채우고서야 밥도 짓고 국도 끓일 수 있었다. 쌀은 부족함이 없었지만 과일이나 해산물은 소산(所産)이 아니어서 귀한 물품일 수밖에 없었다. 삼동(三冬) 즈음엔 겨울나기 김장김치와 젓갈이 주된 반찬이었다. 이렇게 하루 세 끼를 먹고 내가 만들어낸 에너지량은 하루 2,000칼로리 정도가 채 안 되었을 것이다. 매일 어른들이 그 정도 열량에 해당하는 음식을 먹는다고 영양학자들이 제시한 양이다.

일찍이 물리학자들은 에너지의 형태는 변화하되 그 총량은 변하지 않는다는 에너지 불변의 법칙을 발견했다. 폭포에서 떨어진 물이 지닌 운동에너지는 아래쪽 바윗돌을 굴리는 운동에너지로, 미약하게나마 땅을 데우는 운동에너지로, 지축을 흔드는 소리에너지 따위로 변한다. 형태가 변하듯 에너지 단위도 서로 변환이 가능하기 때문에 열량은 일에너지 혹은 전기에너지 단위로도 바꿀 수 있다. 그러므로 2,000칼로리를 섭취하는 인간은 얼추 100와트 백열등에 비유할 수 있다. 이 전구를 하루 종일 켜놓을 만큼의 전기에너지가 평균적인 인간이 하루에 쓰는 에너지의 양에 해당한다는 의미이다.

우리 부모들은 아마 이 정도의 에너지로 하루하루를 살았을 것이다. 당시 우리 집에 뭔가 생소한 형태의 에너지가 있었다면 그것은 라디오에 붙어 있던 커다란 건전지 정도였다. 호롱불에 담긴 한 줌 석유를 더 꼽으라면 꼽을까? 하지만 간접적으로 사용된 에너지를 따지면 속내는 더욱 복잡해진다. 부엌에서 쓰는 성냥은 성냥공장에서 만든 것을 읍내 장터에서 사온 것이지만 거기에 얼마의 사회적 에너지가 들었는지 알아차리기 힘들다. 대장간에서 벼른 쟁기 보습의 재료인 철은 어디에서 온 것일까? 인류는 이렇듯 한 개인의 생물학적 에너지량을 쉽게 초과하는 사회적 관계망을 구축하고 도시와 국가의 구성원으로 살아간다.

오늘날에는 그 관계망이 더욱 복잡해져서 자세히 살펴보지 않으면 그 안에서 이루어지는 에너지의 흐름을 알아차리기 힘들다. 카네이션 한 송이를 키우는 데 필요한 물의 총량(흔히 물 발자국이라는 용어로 표현한다)은 우리의 상상을 초월하고, 우리 입으로 들어가는 돼지 삼겹

살은 이역만리 어느 대륙의 낯선 항구에서 화물선을 타고 우리 집 냉장고에 들어왔는지 알아차리기 힘들다. 식당 안의 사람들은 제각기 휴대폰을 들여다보면서 뉴스를 보거나 축구경기를 관람한다.

이 모든 행위가 많은 에너지 소비를 통해 이루어진다. 이렇듯 경제성과 문화적 특수성을 반영한 사회적 관계망의 크기가 결국 우리 인간이 사용하는 에너지 총량과도 밀접하게 관련된다. 서구 생활양식을 수용한 한국의 에너지 소비량은 세계 9위다. 숫자로 표현하면 그 양은 1만 와트에 육박할 것이다. 미국이 1만 1,000와트 정도이기 때문이다. 이 값은 생물학적 대사율의 거의 100배에 해당한다. 사회적 관계망의 크기에 비례한 이런 총 에너지량을 사회적 대사율(metabolic rate)이라고 칭하기도 한다. 어쨌든 구석기 시대에 돌도끼를 들고 사냥을 하며 하루를 곤고히 보냈던 우리 조상들의 사회적 대사율은 아마 100와트도 못 되었을 것이다. 이런 점을 감안하면 밤을 환히 밝힌 대도시의 현대인들은 엄청난 양의 에너지를 사용하고 있는 셈이다.

인간은 전기에너지의 형태로 많은 양의 자원을 소모한다. 밤을 밝히든 아니면 방을 덥히든 그 전기에너지는 대부분 석유 혹은 석탄에서 온다 석탄이나 석유의 모습을 보고 거기에서 과거 한때 지구상에 살았던 식물이나 조류의 흔적을 찾아내기는 힘들겠지만 우리는 많은 양의 석탄이 약 3억 년 전 구석기 석탄기에 늪에 쓰러진 식물의 흔적이라고 배웠다. 뉴캐슬 대학의 지질학자인 주디 베일리는 석탄이 만들어지는 데 수백만 년이 걸린다고 말했다. 굳이 비유하자면 석탄은 지하 3~4킬로미터에서 구워진 숯이다. 지각 아래로 1킬로미터 내려갈 때마다 온도는 섭씨 30도씩 올라간다. 산에 오를 때 100미터당 약 0.6도씩 떨어지는 것과 정반대 현상이다. 바위와 흙이 내리누르는 100도가 넘는 장소에서 휘발성 물질이 빠져나가 압축된 나무가 곧 고도로 농축된 탄소인 석탄인 것이다.

지금 인류가 사용하는 에너지는 이렇듯 오랜 시간에 걸친 지구화학적 과정을 거쳐 만들어진 자원이다. 다시 말하면 석탄과 석유는 아직 연소되지 않은 광합성의 역사적 산물이다. 이들 광합성 산물을 태워 에너지를 얻게 된 200여 년 전의 사건을 우리는 산업혁명이라고 부른다. 그러므로 산업혁명은 곧 땅속에 묻힌 이산화탄소의 족쇄를 푼 사건이기도 했다. 그뿐만이 아니다. 산업혁명의 대열에 동참한 지구인들의 숫자도 엄청나게 늘었다. 내가 태어날 즈음에 30억 명을 넘어섰던 세계 인구는 1999년 60억 명을 넘었고 지금은 78억 명에 이른다. 인구 증가와 더불어 인류의 평균 사회적 대사율 또한 점점 늘고 있다.

그렇다면 과연 인류의 미래는 행복할까? 과학자들은 약 1시간 동안 지구 전체에 쏟아지는 태양 에너지가 전체 인류가 1년 동안 쓰는 총 에너지량과 맞먹는다고 추산한다. 그러므로 순전히 딱 한 가지 전제조건만 충족된다면 우리의 미래는 아무런 문제가 없다. 바로 고효율로 햇볕을 에너지로 바꾸는 일이다. 앞에서 언급한 사회적 대사율을 돌이켜보면 우리가 과도하게 소비하는 에너지 대부분은 지구의 내부에서 유래한다.

앞에서 살펴보았듯, 그것은 과거의 태양 에너지가 오랜 기간에 걸쳐 지구화한 물질이다. 마치 축시법(縮時法)을 쓰듯 인류는 과거의 시간을 끌어다 빠르게 소비하고 있다. 이제 인류에게는 단 하나의 혁명이 남았다. 그것은 바로 '지구의 밖'인 태양에서 거저 쏟아지는 저 핵융합 에너지를 실시간 에너지로 바꾸는 일이다. 4차 산업혁명에 어떤 실체가 있다면 아마도 그것은 태양에서 지구로 오는 에너지에 관한 도전이 될 것이다. 오늘도 둔덕 솔가리에 넉넉한 햇볕이 내려앉는다.

바다소에서 곡물까지, 인간이 만든 위기

약 1만 1,000년 전 농사를 짓기 시작한 이래 인구는 약 7,800배 늘었다. 약 100만 명이던 당시의 인구가 현재 78억 명에 이르게 된 것이다. 세계 인구를 집계하는 영국의 인터넷 사이트를 방문하면 지금 이 순간에도 인류는 1초에 서너 명씩 늘고 있다. 인류 역사에서 농경이 시작된 사건을 일컫는 신석기 혁명은 사실 석기와는 깊은 관련이 없다. 오히려 식물을 재배하고 동물을 사육하게 되면서 한곳에 머물러 살게 된 생활 양식의 변화를 의미한다는 편이 사실에 더 가까울 것이다. 먹거리를 찾아 수렵과 채집을 하는 대신 인간 집단의 울타리 안에 동물과 식물 일부가 편입된 것이다.

인구가 늘어나는 만큼 인간화된 생명체의 규모도 커졌다. 2018년 이스라엘 와이즈만연구소의 론 밀로는 인간과 가축의 총무게가 야생동물의 30배가 넘는다는 연구 결과를 《미국국립과학원회보》에 발표했다. 무게로는 돼지와 소, 숫자로는 닭이 단연 모든 것을 압도한다.

인간의 세력권이 넓어졌다는 말은 야생동물이나 식물에는 그다지

좋은 소식이 아니다. 한때 북미를 포효하던 수천만 마리의 아메리카 들소는 1884년 325마리로 줄어들었다. 버펄로라고 불렸던 대형 포유류인 이들 들소는 오랫동안 생태계를 지탱하면서 북미 인디언들에게 그리고 나중에는 유럽인들에게 고기와 가죽 그리고 비료를 공급해왔다. 하지만 인류는 북미에서 들소의 흔적을 거의 지워버렸다. 현재 보호구역에서 사는 들소는 수십만 마리에 이르지만 야생 들소라 이를 수 있는 것들은 5,000마리도 채 되지 않는다. 인간이 사라지지 않는 한 아메리카들소가 과거의 생태적 영광을 회복하기란 불가능해 보인다. 그래도 들소는 사라지지 않았으니 다행이라 해야 할까?

스탠퍼드 대학의 폴 에를리히 박사는 최소한 543종의 육상 척추동물이 20세기에 지구에서 영원히 사라졌다고 말했다. 물론 그 이전에도 대규모 멸종의 징조가 없었던 것은 아니다. 한때 알래스카 주변 바다를 누볐던 스텔러바다소의 멸종은 생태계에서 생명체 간의 균형이 깨졌을 때 어떤 일이 벌어지는지를 보여주는 슬픈 사례이다. '바다의 소'라는 이름에서 짐작할 수 있듯 바다소는 주로 해조류를 먹는다. 풀일망정 오랜 시간 잔뜩 먹어서 10미터까지 몸집을 키웠다. 대체 이들 바다소에게 무슨 일이 벌어진 걸까?

바다에 사는 수달이라는 뜻의 해달은 조선시대 왕의 진상품으로 썼다는 수달피처럼 가죽을 얻으려는 사냥꾼들의 맞춤한 표적이었다. 바닷물에서 체온을 유지하고자 해달도 양질의 털과 가죽을 갖추었기 때문이다. 파도에 누워 먹이를 배 위에 놓고 돌로 깨 먹을 정도로 영리한 해달을 사냥꾼들이 포획하면서 그 개체수가 현저히 줄자 의외로 성게 집단이 성세를 누리게 되었다. 성게가 해달의 주식이었기 때문이다. 해조류를 두고 바다소와 성게는 서로 경쟁 관계다. 성게 집단의 크기가 커지면 바다소의 먹거리가 줄어드는 것이다. 게다가 이들 온순한 바다소는 고기 맛이 좋고 기름을 얻을 수도 있어서 사람들이 점찍은 새로운 사냥감이 되었다고 한다. 우연한 두 사건이 겹치면서 스텔러바다소는 북태평양 바다에서 절멸했다. 인간이 환경에 가하는 압력에 못 이겨 바다소가 아예 자취를 감춘 것이다.

폴 에를리히 박사는 현재 지구 생태계에서 '벼랑 끝에 선' 척추동물 515종이 멸종 직전의 상태라고 진단했다. 전체 개체수가 1,000마리가 되지 않는 육상 척추동물 종이다. 이들은 주로 아시아, 아메리카 그리고 아프리카의 열대, 아열대 지방에 집중되어 분포하기 때문에 우리 시야에서 어느 정도 비켜나 있는 셈이다. 그렇기에 우리는 기탄없이 인간의 주거지를 확대하고 동식물 서식처를 파괴하는지도 모르겠다. 마천루는 하늘을 찌르고 갈 곳 잃은 물뱀은 아파트 계단에 출몰하며 먹을 것 없는 반달곰이 하릴없이 도심을 배회한다.

지구 생태계를 대하는 이런저런 인간의 활동은 주로 화석연료의 연소를 바탕으로 진행된다. 따라서 인간 활동의 최종 결과물은 대기 중 이산화탄소 농도의 증가로 귀결되기 마련이다. 일부 식물학자들

한때 알래스카 주변 바다를 누볐던
스텔러바다소를 더 이상 볼 수 없다.
이들의 멸종은 생태계에서 생명체 간의
균형이 깨졌을 때 어떤 일이 벌어지는지를
보여주는 슬픈 사례이다.

은 대기 중 늘어난 이산화탄소가 식물 광합성의 양을 늘릴 수 있으리라 기대한다. 지구 역사 내내 대기권 내 이산화탄소의 농도는 계속 감소하는 추세였다. 하지만 인간이 적극적으로 산업활동에 가세하자 다시 증가세로 돌아섰다. 식물 입장에서는 충분히 환영할 만한 일이다. 광합성에 쓸 재료가 늘어났다는 의미이기 때문이다.

하지만 여기에도 맹점이 없는 것은 아니다. 집약농이 실시되면서 토양의 질이 현저하게 떨어졌기 때문이다. 쌀과 밀의 작황은 좋아졌지만 곡물 안에 든 비타민과 항산화제의 양이 줄었다는 연구 결과가 계속해서 등장하고 있다. 특히 식물이 이용할 수 있는 원소인 질소나 황, 인, 칼슘과 같은 무기염류의 양이 심각할 정도로 줄었다는 진단이 나왔다. 그런 결과에 바탕을 두고 과학자들은 탄수화물의 양은 늘지만 필수 영양소가 '희석'되는, 다시 말해 곡물의 품질이 떨어지는 일이 벌어질 수 있다고 걱정한다. 세 끼 밥을 먹어 배는 불리되 아연이나 철 혹은 단백질이 부족한 상황이 전개되고 있는 것이다. 초식동물이나 곤충들도 이런 처지를 쉽사리 벗어나지 못한다. 메뚜기도 꿀벌도 그 수가 줄고 있다.

식물과 동물이 함께하는 지구 생태계에 사사건건 개입해온 인간의 활동이 인류의 미래에 어떤 영향을 끼칠지 우리는 정말 아는 게 없다. 과연 우리는 후대에게 지속 가능한 미래를 물려줄 수 있을까? 우리는 지금 걸터앉은 나뭇가지를 써걱써걱 톱질하고 있는 것은 아닌가?

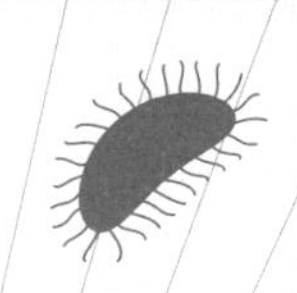

2부

세상을 아우르며 보기
: 동물살이의 곤고함

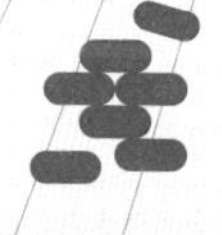

소화기관의 여정을 따라가는 일이 새삼스럽지는 않지만 그 작업은 인간을 포함하는 다세포 생명체가 결국 낱개의 단세포에서 기원했다는 진실을 소환하는 논리적 수순을 따른다. 우리 입을 통과한 영양소들은 눈에 보이지 않는 아주 작은 단위로 쪼개진다. 마이크로미터 단위인 세포가 다룰 수 있는 영양소를 만들지 못하면 세포는 굶을 수밖에 없고 에너지를 생산하지 못하는 세포는 결국 무기력에 무너지고 만다.

지구 역사에서 최초로 외부 환경에서 뭔가를 섭취했던 세포 입장에서 그들이 감당할 수 있는 크기의 것들을 제외하고는 무용지물이었다. 포도당이나 개별 아미노산 혹은 지방산 정도가 우리가 익히 알고 있는 세포의 영양소들이다. 우리가 먹는 것을 세균들도 먹는다. 사실 세포 한 개가 먹는 것이나 우리 인간의 먹거리나 다를 바가 전혀 없다는 점은 자명하지 않은가?

우리가 먹는 일은 수십조 개에 달하는 우리 세포 하나하나를 배불리 먹이는 일이다.

어제와 오늘, 인간의 식단

고개를 들어 앞을 보면 새로 돋은 세쿼이아 푸른 이파리가 눈에 어둡다. 등나무가 꽃을 매달고 은사시나무가 바람의 흐름에 이파리를 맡겼다. 봄 햇살에 몸이 가려워 잎이 돋아난다는 억지마저 수용할 만큼 연둣빛 봄 잎은 아름답다. 하지만 지금 식물의 잎에서는 아마 광합성 공장이 부산하게 돌아가고 있을 것이다.

비록 온대지방의 겨울에는 광합성 공장이 가동을 멈추지만 아마존과 사하라 이남의 열대우림과 사바나에서 전 지구적 탄소 고정을 지속하는 덕분에 지구는 일 년에 약 100기가톤이 넘는 양의 탄소를 고정한다. 탄소를 고정한다는 말은 식물이 공기 중의 이산화탄소를 붙잡아 탄수화물을 만든다는 뜻이다. 우리는 식물이 고정한 탄소의 일부를 곡물의 형태로 소비한다. 유엔식량농업기구(FAO)의 자료에 따르면 전 세계 인류가 일 년에 소비하는 곡물의 양은 25억 톤이다. 여기에는 가축이 소비하는 곡물의 양도 포함되지만 그 곡물도 고기 형태로 인간의 소화기관에 들어온다고 치면 우리는 일 년에 일인당 약 230킬로그램의 곡물을 소비하는 셈이다.

광합성을 통해 고정한 곡물 혹은 곡물을 먹은 가축의 고기가 입으로 들어오면 우리는 이를 분해하여 에너지를 얻고 부산물인 이산화탄소를 대기 중으로 되돌려 보낸다. 이른바 '소화'라고 불리는 이런 생물학적 과정은 두 단계로 이루어진다. 입에서 항문에 이르기까지 음식물이 한 방향으로 움직이는 동안 일어나는 일이 첫 번째 단계이고 다음 단계는 세포가 몸통 '안'으로 들어온 영양소를 분해하는 과정이다. 비록 몸 안에 있는 듯 보이지만 혈관을 타고 전신에 공급되기 전까지 소화된 음식물은 여전히 세포 바깥에 있다. 따라서 소화기관의 빈 공간은 아직 밖이라고 간주된다. 그래서 나는 가끔 소화기관을 '내 안의 밖(Inner outside)'이라고 표현한다.

그러면 이제 우리가 삼킨 음식물들의 여정을 따라가보자. 약 30초 정도 입에서 씹은 음식물은 25센티미터 길이의 식도를 내려가 위에 도착한다. 소화효소와 뒤섞여 고르게 으깨진 죽 같은 음식물은 25센티미터의 십이지장, 2.5미터의 공장, 약 3미터의 회장을 거치면서 한 방향의 움직임을 이어간다. 소장을 구성하는 십이지장, 공장, 회장의 길이를 모두 합치면 얼추 6미터이다. 그러나 소장의 특징은 길이보다는 그 표면적에 있다. 소장에는 오돌토돌한 손가락 모양의 융모가 무수히 자리 잡고 있어서 표면적이 한정 없이 커진다. 어떤 사람들은 소장의 표면적이 거의 테니스장 넓이에 육박한다고 계산한다. 소장과 닿아 있는 대장은 길이(대략 2미터)가 길어서가 아니라 통의 지름이 크기 때문에 대장이라 불린다. 대장에서는 소장에서 흡수되지 않은 거친 음식물을 할 수 있는 만큼 분해하고 나머지를 적당한 양의 물기가 포함된 대변으로 형상을 빚어 밖으로 내보낸다.

소장의 표면적이 넓은 까닭은 짐작하다시피 소화된 영양소를 남김없이 흡수하기 위해서다. 다른 동물들과 비교했을 때 인간 소화 과정의 가장 큰 특징은 불을 이용해서 조리한 음식물을 다룬다는 사실이다. 이런 화식으로 인해 인간의 이나 턱은 작고 약해졌을 뿐만 아니라 근육의 씹는 힘도 줄어들었다. 그러나 한편으로 그러한 변화는 뇌의 크기가 커지는 계기가 되었을 거라고 추론하기도 한다. 화식이 음식물의 흡수를 촉진했다고 해서 소장의 표면적이 줄어든 것 같지는 않다. 이 사실은 인간이 진화해왔던 대부분의 시간 동안 음식물이 풍부하지 못했다는 반증이다. 따라서 소장의 주름은 영양소가 흡수되지 않은 채 허투루 대장으로 넘어가지 못하게 하려는 우리 몸의 생물학적 철저함이 자아낸 결과이다.

한국 사람들이 먹는 곡물의 양이 앞에서 살펴본 인류 전체의 평균보다 적을 것 같지는 않지만 양 말고 질적인 측면을 살펴보자. 오늘날 우리 입에 들어오는 음식물은 대개 이런저런 가공을 거친다. 멀리 갈 것도 없이 대형 슈퍼마켓이나 대형마트의 진열대를 상상해보자. 약간 다른 시각에서 보면 가공한 음식물이란 곧 우리 소화기관이 해야 할 일을 대신했거나 아니면 소화기관의 부담을 한껏 덜어줄 부드럽고 달콤한 것들이 주류를 이룬다. 거기에다 상대적으로 소화가 한결 쉬운 단백질이 주성분인 고기가 식단에 얼마나 자주 등장하는지도 스스로에게 물어보자. 상황이 그렇기 때문에 과거라면 생존에 유리했음에 분명한 테니스장 넓이의 철저함이 지금은 인류의 건강에 걸림돌이 된다고 힐난한다. 라면으로 대표되는 공장제 음식물이 인류의 역사에 대거 편입되면서 소화는 쉬워진 반면 흡수된 영양소는 적절한 노동으로 해소되지 못하면서 인류가 살찌고 있다. 세계보건기구(WHO)는 식품에 설탕세를 부과하면 비만 인구가 줄어든다고 말하고 사람들은 자신의 입으로 들어가는 음식물이 도대체 어디서 왔는지 알고 싶어 한다.

인간의 소화기관은 아직 가공과 첨가물 식품 공학 및 자본주의 정치경제학에 대한 적응 진화를 마치지 못했다. 그렇기 때문에 우리는 입으로 들어와 소화될 식재료의 문제가 더 이상 개인의 영역에 머물러서는 안 된다고 생각한다.

선지를 먹는다는 것은

단 한 차례의 끊어짐도 없는 생명의 연속성 덕에 지금 내가 여기 존재한다고 자못 호기를 부리면서 첫 이야기를 열었다.(17쪽) 여기서 '나'를 미생물을 포함하여 살아 있는 생명체 그 무엇으로 치환해도 모두 참일 것이기에 그 명제는 곧바로 법칙의 반열에 오른다. 또한 어떤 생명체라도 자신의 정체성을 유지하기 위해서는 입으로 뭔가가 끊임없이 들어오고 또 밖으로 나가야 한다. 흔히 물질대사라 일컫는 과정이다. 인간에 국한해서 '먹는 얘기'를 좀 더 진척시켜 보자.

우리가 먹는 동물성 음식물 중 영양소 측면에서 가장 단순한 것은 아마도 선지가 아닐까 생각한다. 혈소판 때문에 푸딩처럼 굳은, 붉은 선지를 삶으면 갈색으로 변하거나 간혹 초록빛을 띠기도 한다. 우리는 선지가 듬뿍 들어간 해장국을 즐겨 먹는 몇 안 되는 민족이다.

저간의 사정을 이해하기 쉽게 적혈구 하나로부터 실마리를 풀어보자. 세포라 부르기도 궁색할 만큼 핵도 미토콘드리아도 없는 도넛 모양의 적혈구는 대부분 한 종류의 단백질인 글로빈으로 채워져 있다. 산소를 최대한 싣고 폐를 떠나기 위해 적혈구가 그런 형태로 진화했다고 한다. 하여튼 세포 한 개당 약 2억 개가 넘는 헤모글로빈이 채워져 있으므로 적혈구의 글로빈은 8억 개 정도가 된다. 헤모글로빈은 4개의 글로빈 복합체 화합물이기 때문이다. 따라서 글로빈 하나당 한 개씩 배당되며 색상을 띠는 헴도 8억 개이다. 그러므로 다른 영양소가 없지는 않겠지만 적혈구는 고단백 식품으로 더할 나위가 없다.

그런 까닭에 말라리아를 일으키는 플라스모듐 열원충도 일찌감치 글로빈을 먹잇감으로 삼아 성세를 누려온 터이다. 적혈구와 혈소판이 세포의 대부분을 차지하는 성인의 혈액은 그 부피가 5리터이다. 그 안에 적혈구는 30조 개, 혈소판은 5조 개 정도가 들어 있다. 이 두 세포를 합치면 우리 인간 세포 전체의 70퍼센트를 훌쩍 넘는다.

하지만 단백질로만 이루어진 적혈구는 영양학적으로 균형 잡힌 식단이 아니다. 그러므로 선지만 먹는 것은 영양 면에서 그리 달가운 선택이 되지 못한다. 적혈구와 달리 일반 동물 세포 하나에는 평균적으로 단백질이 50퍼센트, 지방이 약 30퍼센트 그리고 탄수화물이 3퍼센트 정도 들어 있다. 이런 생물학적 수치를 감안하면 우리가 고기를 먹을 때 그 무게의 절반 정도가 단백질이고 그다음은 지방이 차지한다고 볼 수 있다. 재미있는 점은 유전 정보를 보관하거나 전달하는 유전자와 그 동류 유전물질의 양이 생각보다 많아서 전체 생체고분자 물질의 10퍼센트에 이른다는 사실이다. 그저 무시하기에는 상당히 많은 양이다.

인간의 소화기관은 본성상 환원주의적이다. 이 말은 우리 입으로 들어온 거대 영양소를 기본 단위로 잘게 쪼개야만 비로소 조직 안으로 흡수할 수 있다는 뜻이다. 식물이 여투어 놓은 감자 알갱이 안의 전분은 모두 포도당 복합체이다. 감자를 먹는 일은 곧 전분을 낱낱이 쪼개 포도당을 만든 후 혈액으로 흡수하는 과정이다. 단백질 분해효소는 스테이크 안의 단백질을 쪼개 아미노산으로 최종 분해한다. 중성 지방도 지방산과 글리세롤로 분해되어야 한다. 그런 연후에야 비로소 이들 영양소가 에너지원으로 쓰이든지 아니면 새로운 세포를 만들거나 고치는 데 사용된다. 이렇게 교과서적으로 소화와 흡수 과정을 설명하면서 나는 '정보의 해체와 재조립'이라는 표현을 즐겨 쓴다. 하지만 여기서 뭔가 빠진 것 같지 않은가?

맞다, 유전물질이 어느 순간 얘기의 원줄기에서 빠져나갔다. 사실 그동안 유전물질 중합체는 소장에서 핵산 분해효소에 의해 분해된 다음 소량 흡수되거나 아니면 그냥 배설된다고 가볍게 치부되어 왔다. 유전물질의 소화와 흡수에 관한 논문을 찾아보아도 반추동물의 장내 미생물의 총체성을 확인하기 위해 RNA를 사용했다는 실험 논문 몇 편을 구할 수 있을 뿐이다. 1953년 DNA의 이중나선 구조가 밝혀지고 분자생물학이 만개하면서 유전물질은 한동안 구름 위의 정담 거리였다.

과학은 이미 알고 있는 것을 바탕으로

상상하는 데서 시작된다.

열을 가한 전분 덩어리인 쌀밥 안에

RNA 유전물질이 숨어 있으리라

누가 상상이나 했겠는가?

한데 2011년 중국의 한 연구진이 유전자를 영양소의 현장으로 끌어 내렸다. 쌀밥에서 유래한 자그마한 크기의 RNA가 체내로 흡수되어 유전자 발현을 조절한다는 논문을 발표한 것이다. 바다 건너온 이런 풍문은 내 뒤통수를 강타했다. 아, 나는 지금까지 단 한 번도 유전물질 비슷한 뭔가가 음식물 속에 들어 있다가 흡수될 수 있다는 생각 자체를 하지 못했던 것이다. 열을 가한 전분 덩어리인 쌀밥 안에 RNA 유전물질이 숨어 있으리라 그 누가 상상이나 했겠는가?

그로부터 4년이 지난 2015년 우리가 먹은 유전물질이 소장이 아니라 위에서, 펩신이라는 단백질 분해효소에 의해 잘려나간다는 연구 결과가 《네이처》 자매지에 발표되었다. 역시 놀라운 일이다.

사실 과학은 이미 알고 있는 것을 바탕으로 상상하는 데서 시작된다. 우리가 선지를 먹으면 곧 적혈구를 먹는 것이고 거기 있는 헴과 글로빈을 쪼개는 소화가 시작될 것이라 상상할 수 있다. 이제 고기를 먹으면 단백질과 지방뿐만 아니라 유전물질을 분해하는 모습을 그려야 한다. 상추쌈을 먹으면 우리는 상추 잎맥의 섬유를 먹겠지만 광합성 공장인 엽록체와 엽록체가 지니고 있는 유전자도 함께 먹으리라 유추할 수 있다. 환원론적인 우리의 소화기관이 상대해왔던 영양소의 목록이 점점 늘어나고 있다.

이제 우리는 그들에게 합당한 대접을 해주어야 한다. 과학은 놀라움이자 깨달음이어야 한다는 그런 당연한 대접 말이다.

1.5킬로그램, 간의 무거운 존재감

벼룩의 간을 내먹는다는 말을 들으면 천민자본주의 사회를 주도하는 악덕 업주나 호시탐탐 백성들의 등골을 탐하는 탐관오리가 떠오른다. 하지만 직업 탓에 나는 출판된 과학 논문 정보를 제공하는 미국국립보건원 의학 도서관 웹사이트인 펍메드(PubMed)를 방문한 뒤 벼룩과 간을 검색어로 집어넣고 그 결과를 살펴보았다. 논문은 더러 있었지만 가려운 곳을 긁어주는 논문은 찾지 못했다. 간은 그렇다고 치더라도 벼룩은 과연 심장을 가지고 있을까? 그렇다. 몸집의 길이가 2밀리미터에 불과한 물벼룩도 심장이 있어서 소화기관을 거쳐 온 영양소를 온몸으로 분배한다.

심장은 폐를 통해 우리 몸 '안'으로 들어온 산소와 간을 통해 역시 몸 '안'으로 들어온 영양소를 전신으로 분배하는 역할을 한다. 이렇듯 폐와 간은 우리 몸을 구성하는 세포의 먹을거리인 산소와 영영소를 몸 안으로 받아들이는 일차 관문 역할을 한다. 이런 점에서 동물의 간과 폐가 소화기관으로부터 발생한다는 사실은 우연이 아니다.

다른 기관과 비교하였을 때 간은 혈액이 들어오는 통로가 두 개라는 점에서 커다란 차이가 있다. 심장에서 출발한 혈액은 뇌, 근육, 콩팥 그리고 간으로 들어간다. 이들 기관에 산소와 신선한 영양분을 전달하는 것이다. 반면 기관을 통과하면서 이산화탄소와 대사 폐기물을 회수한 혈액은 정맥을 타고 다시 심장으로 돌아온다. 심장을 중심으로 우리 몸은 이렇게 한 번의 순환을 매듭짓는다. 하지만 우리가 먹은 음식물은 몸의 중앙부를 관통하고 있는 소화기관에서 어떤 경로를 따라갈까? 인간의 몸 안에 들어 있기 때문에 내부 기관이라고 여기기 쉽지만 나는 소화기관을 '내 안의 밖'으로 간주한다. 입을 통해 들어온 공기가 폐를 거쳐 심장으로 가듯 소화기관에서 아주 잘게 잘린 영양소들은 주로 작은창자에 연결된 모세혈관을 타고 간 문맥(portal vein)을 거쳐 간으로 들어간다. 심장에서 하나 그리고 소화기관에서 하나 이렇게 두 개의 통로를 거쳐 간으로 혈액이 들어온다. 따라서 간은 음식물을 따라 들어올 수도 있는 독성물질이나 이물질을 선별하고 독성을 제거한 다음 이들을 몸 밖으로 내보내는 작업을 우선적으로 수행한다.

이런 역할을 염두에 두고 과학자들은 간이 출입국을 관장하는 세관과 같은 업무를 맡는다고 비유적으로 말한다. 다른 일부 과학자들은 순환계에서 영양소를 끌어내는 일이 간의 본디 업무였다고 말한다. 사실 알을 낳는 동물들은 그들의 후손이 독립적인 완결체로 자라날 수 있도록 필요한 물질 모두를 노른자(난황, 卵黃) 안에 포함시켜야 한다. 그중에서도 가장 중요한 물질은 난황형성 단백질인데 영양소 십하장인 간에서 이 지질단백질을 만든다.

1990년대 초반부터 한동안 간세포를 직접 분리해온 나는 현미경으로 간세포를 보면서 늘 아름답다고 느꼈다. 그로부터 약 20여 년이 지난 뒤 초파리에 관한 논문을 읽다가 '앗, 간세포다'라고 혼잣말로 중얼거린 적이 있었다. 고작해야 5밀리미터도 채 되지 않는 곤충의 몸 안에 인간의 간세포와 아주 흡사하게 생긴 세포가 발견된 것이다. 이들은 소화기관을 통해 몸 안으로 들어온 지방과 단백질을 저장하고 그중 상당부분을 후손에게 할애한다. 벼룩이나 꼬마선충과 같은 아주 작은 동물은 간의 역할을 겸한 소화기관에서 난황형성 단백질을 만든다. 동물들도 사정은 비슷하다.

모든 척추동물들은 영양소가 풍부하지 못한 환경에서 진화했다. 곰처럼 육식을 하던 판다가 왜 대나무를 먹기 시작했는지 저간의 사정은 알지 못하지만 살아남기 위해 그들은 매일 체중의 10분의 1이 넘는 양의 대나무를 먹어야 한다. 하루 14시간 넘게 먹어야 간신히 살아갈 수 있고 번식을 치러낼 수 있는 것이다. 하지만 가뭄이 들거나 병충해가 자심하면 대를 잇는 일을 대폭 축소시키거나 아니면 상황이 좋을 때까지 번식을 유예한다. 우리가 흔히 생각하듯 번식 과정에는 성호르몬이 관여하지만 그에 못지않게 영양 상태에 관한 정보도 중요하다. 이 두 과정에서 간의 역할이 필수적이다. 갈빗대 아래

오른편에 위치하는 약 1.5킬로그램의 간은 정말로 하는 일이 많다. 간은 생식기관에 성호르몬의 재료인 콜레스테롤을 공급한다. 하지만 아미노산과 같은 필수 영양소가 풍부한지 아니면 부족한지에 관한 신호도 동시에 내보낸다. 만약 영양소가 부족하다는 신호가 오면 생식기관은 성호르몬 신호가 오더라도 반응하지 않는다. 생식 주기를 멈춰버리는 것이다. 이런 일은 인간 여성에서도 벌어진다. 거식증으로 시달리는 여성들은 아예 월경을 거르는 경우가 허다하다.

알다시피 우리 인간은 알을 낳는 대신 배아를 자궁에서 키우는 전략을 택했다. 알을 낳는 일처럼 이 과업도 두 생물학적 성(sex) 중 여성에만 국한된다. 알을 낳지 않으니까 난황형성 단백질을 만들지는 않지만 산모는 이 고분자 물질과 같은 계열의 지질단백질 및 콜레스테롤을 생식기관에 공급하고 저장된 지방과 포도당을 태아에 공급하는 일을 한다. 여성들이 허벅지와 엉덩이에 지방을 더 많이 저장하는 생물학적 이유다. 하지만 그게 다가 아니다. 누군가의 도움이 없다면 그야말로 아무것도 하지 못하는 신생아에게 한동안 젖을 먹이는 일도 여성의 몫이다. 이때도 여성의 간은 생식과 대사 기능 사이에 긴밀한 연락을 취하고 필요한 조치를 다한다.

이런 점에서 여성의 간은 일종의 생식기관이다. 성호르몬인 에스트로겐이 주도하는 간에서 벌어지는 이러한 물질 대사의 정치(精緻)함은 남성에서는 찾아볼 수 없다. 남성의 혈액에는 에스트로겐의 양도 적고 그 호르몬을 인지하는 수용체 단백질도 여성의 3분의 1에서 5분의 1에 불과하다.

결론적으로 말하면 여성과 남성의 간은 다르다. 흔히 남성과 여성의 성차를 말할 때 뇌의 기능을 언급하지만 남녀 간 뇌 유전자 발현의 차이는 14퍼센트에 불과하다. 그에 반해 간의 유전자는 양성에서 72퍼센트가 다르게 발현된다. 주로 지방 대사, 면역 그리고 독성물질의 대사와 관련된 유전자들이 여성의 간에서 특별히 더 활성화된다. 지방 조직 유전자의 발현도 68퍼센트의 성차를 보인다.

먹고 살며 후대를 계승하는 일에 남성은 여성들에게 커다란 생물학적 빚을 지고 있는 셈이다.

방광은 왜 거기에 있게 됐을까

2000년대 중반에 읽은 한 국내 문학상 수상작은 아픈 아내를 떠나보내는 중년 사내의 뒷모습에 관한 것이었다. 하지만 내게는 그 사내가 전립선 비대증으로 인해 방광 비우기를 힘들어했다는 대목만 흐릿하게 기억난다. 방광에서 몸 밖으로 오줌을 내보내는 길목에 위치한 전립선이 부으면 마땅히 배설되어야 할 노폐물이 방광에 고일 것이라는 사실은 쉽게 짐작할 수 있다. 그렇다면 방광은 노폐물을 잠시 저장하는 창고에 불과한 것일까?

이 물음에 답하기 위해 먼저 생명체가 물에 녹는 폐기물을 처리하는 과정에 대해 살펴보자. 나트륨이나 염소, 인과 같은 무기염류를 논외로 치면 수용성 폐기물의 대부분은 요소와 암모니아다. 이들은 모두 질소를 함유하는 화합물이다. 그렇다면 우리는 질소를 몸 밖으로 내보내는 장치가 동물 생리학에서 매우 중요한 역할을 할 것이라고 추측할 수 있다. 잠시 인체 생리학 교과서를 참고해보면 주로 요소의 형태로 배설되는 질소의 양은 하루 평균 10그램 정도라고 한다.

굳이 질량 보존의 법칙을 따지지 않더라도 우리 몸은 "구관이 나가면 신관이 들어오리라"는 것을 기대한다. 6.25그램의 단백질이 1그램의 질소에 해당하기 때문에 10그램의 질소를 벌충하려면 우리는 얼추 하루 평균 60그램 정도의 '신관' 단백질을 먹어야 한다. 소화효소로 분해된 단백질은 스무 개 아미노산의 형태로 우리 몸 안에 들어온다. 이 스무 개 아미노산의 운명은 크게 세 가지로 갈린다. 우선 포도당처럼 에너지원으로 사용되거나 혹은 이산화탄소가 떨어져 나가면서 도파민이나 아드레날린 같은 신경전달물질로 전환되기도 한다. 하지만 그중에서도 역동적으로 순환되는 단백질의 구성 요소가 되는 비율이 가장 높다.

인간의 몸을 구성하는 약 200종의 세포는 영원히 살지 못한다. 120일을 사는 적혈구도 있지만 소장의 상피세포는 3일을 넘기지 못한다. 간세포도 반년에서 일 년 사이에 새것으로 교체된다. 결박된 프로메테우스의 간이 매일 새로 만들어진다는 말이 그저 허언은 아닌 것이다. 또한 물을 제외하면 이들 세포 무게의 절반 가까이가 바로 단백질의 몫이다. 비록 우리 눈에 보이지는 않지만 새로운 세포가 만들어지는 동안 단백질은 끊임없이 생성되고 분해되는 것이다. 바로 그 역동성이 방광을 통해 밖으로 나가는 질소 10그램으로 나타난다.

질소를 순환하는 일이 포유류에게만 국한된 것은 아니다. 물고기는 질소가 한 개 포함된 암모니아 형태로 노폐물을 처리한다. 암모니아는 독성이 있기 때문에 간에서 만들어지는 즉시 몸 밖으로 배출되어야 한다. 콩팥과 연결된 총배설강을 통해서다. 하지만 인간은 에너지를 써서 암모니아나 질소 노폐물을 요소로 바꿔버린다. 요소는 암모니아에 비해 독성이 적기도 하지만 질소가 두 개 포함된 요소를 만드는 일은 또한 질소를 농축시키는 효과도 갖는다. 이런 방식으로 포유류는 물고기에 비해 노폐물을 처리하는 데 필요한 물의 양을 절반으로 줄인 것이다. 이는 육상에서 사는 일이 결코 녹록지 않았음을 보여주는 좋은 예이다.

물고기와 달리 하늘을 나는 새는 따로 오줌을 싸지 않는다. 이들은 콩팥에서 요산을 만들어 소화기관으로 직접 보낸다. 따라서 방광도 없고 똥오줌의 구분도 없다. 나는 데 무거운 짐을 싣고 다닐 필요가 어디 있겠는가? 그렇다면 포유류는 무슨 이유로 거추장스러운 기관 하나를 더 만들어 무거운 물을 차고 다니게 되었을까?

정온성인 포유류의 체온 조절과 관련이 있을 수도 있다. 어떤 사람들은 자신의 영역을 표시하기 위해 방광이 발달했다고 말하기도 한다. 반면 오줌을 질질 흘리고 다니면 포식자에게 노출될 위험이 클 것이기에 방광에 오줌을 보관하게 되었다고 주장하기도 한다. 혹은 방광이라는 중간 기착지 없이 콩팥이 외부와 바로 연결되어 있다면 세균이나 기생충에 감염될 확률이 커질 것이라고 짐작하기도 한다. 하지만 면역계가 있는데 콩팥을 보호하기 위해 굳이 방광이라는 독립된 기관이 따로 존재해야 하는지 의문을 제기하는 해부학자들도 있다. 요관을 통해 밖으로 나가야 하는 정자가 다치지 않게 산성인 오줌을 보관할 필요가 있어서 방광이 발달했다는 가설도 있다. 그렇지만 이 가설은 여성의 생식기관 해부학도 고려해야 일반화가 가능할 것이다.

어떤 사람들은 방광을 그저 항문의 괄약근쯤으로 여겨 인간의 사회적 품위 유지를 위해 진화했다고 말하기도 한다. 하지만 바지에 오줌을 지리지 않기 위해 수천만 년 전부터 방광이 진화해왔으리라고 믿기는 쉽지 않다. 또 개나 돼지, 아니 원숭이가 애써 오줌을 참으리라 기대하기도 힘들다. 1979년 미국의 과학자 피터 J. 벤틀리는 사막에 사는 포유동물이나 양서류가 체중에 비해 상당히 많은 양의 물을 저장하고 있다는 사실에 주목하면서 물을 저장하는 곳으로서 방광의 역할을 강조했다. 그는 또한 저장된 무기염류가 다시 혈액으로 흡수될 수 있기 때문에 방광이 삼투압을 조절하는 역할을 할 것이라 주장하기도 했다. 그럴듯한 주장이다.

이렇듯 방광에 대한 논의와 주장은 다양하기 그지없다. 하지만 한 가지는 분명하다. 방광은 물질대사 폐기물과 함께 많은 양의 물을 저장하는 흥미로운 장소이지만 한편으로는 과학자들의 눈길이 좀체 닿지 않는 인기 없는 곳이기도 하다. 최근 여기저기서 다가올 미래에 대한 기대와 우려로 4차 산업혁명에 대한 논의가 한창이다. 한데 나는 방광이 왜 거기에 있는지가 더 궁금하다.

귀지의 생물학

20세기 초반 비타민 연구로 노벨상을 받았던 영국의 프레더릭 홉킨스는 식물을 연구하는 동료 과학자들을 탐탁지 않게 생각했다. 배설기관이 따로 없는 식물을 '더럽다'고 여긴 까닭이다. 장차 아파트가 들어설, 한바탕 땅을 뒤집어놓은 척박한 곳에 자리 잡은 버드나무를 『나무 수업』의 저자 페터 볼레벤은 개척자 식물이라고 칭했다. 몸피가 허연 자작나무도 또한 개척자 식물이다. 개척자라는 이름에 걸맞게 버드나무와 자작나무는 강한 햇살과 목마름을 기꺼이 버티고 견딘다. 그리고 수시로 나무껍질을 떨구어 손상된 세포나 조직을 버린다.

나무껍질은 배설기관이다. 수정을 끝내고 하릴없이 떨어지는 꽃잎도 가을 저물어 떨구는 이파리도 마찬가지로 배설기관이다. 질소와 같은 필수적인 영양소를 몸통에 남긴 채 나무껍질도, 낙엽도 하릴없이 땅으로 떨어진다. 그러므로 동물이 배설기관을 가졌다고 유난 떨 일은 아닌 것 같다.

정수를 앗긴 음식물 찌꺼기라는 생각 때문에 배설물은 버려야 하는 것으로 간주된다. 그러나 자연계에서 배설물은 '반쯤 소화된' 음식물에 가깝다. 쥐도 판다도 자신의 배설물을 빈번하게 먹는다. 밀림에서 배설물은 순식간에 사라진다. 말똥구리나 쇠똥구리와 같은 곤충이 잽싸게 처리하기 때문이다. 배설물이 다른 생명체에게는 양식이 되기도 한다. 인간은 자신의 코를 통해 배출된 이산화탄소를 다시 사용할 수 없지만 식물은 순식간에 이산화탄소를 포도당으로 바꾸어버린다. 광합성을 통해서다.

식물처럼 동물도 껍질을 떨구어낸다. 우리가 '때'라고 부르는 것이다. 피부는 우리 몸통에서 정기적으로 떨어져 나간다. 아주 정확한 수치는 못 되겠지만 그 양은 하루 약 1.5그램 정도라고 한다. 1년이면 쇠고기 한 근어치에 버금간다. 이른바 확장된 피부라 불리는 손톱이나 발톱 혹은 머리카락도 떨어져 나가거나 닳는다. 재미있는 점은 우리가 귀지라고 부르는 고형 물질에도 죽은 피부세포가 많이 들어 있다는 사실이다. 귀의 안쪽 피부의 땀샘과 피지샘에서 나온 물질들도 귀지에 포함되어 밖으로 빠져 나온다. 때를 굳이 박박 밀지 않아도 각질로 떨어져 나가듯 귀지도 굳이 파낼 필요가 없다는 뜻이다.

그렇지만 물속에 사는 고래는 사정이 다르다. 공기 중의 소리를 전달하던 고막과 귓속뼈의 기능이 대폭 줄어들면서 고래는 아래턱과 이마에 지방체를 갖추고 물을 타고 오는 주파수를 감지하도록 진화

나무껍질은 배설기관이다.

수정을 끝내고 하릴없이 떨어지는 꽃잎도

가을 저물어 떨구는 이파리도 마찬가지로 배설기관이다.

자연계에서 배설물은 '반쯤 소화된' 음식물에 가깝다.

했다. 『백경』에서 멜빌이 묘사했듯 고래의 귀는 구멍이 아주 작거나 막혀 있어서 설사 귀지가 많더라도 나오기 쉽지 않은 구조이다. 분비된 채 귓속에 보관되어 있던 고래의 귀지가 발견되었다고 한때 법석을 떤 적이 있다. 무려 길이가 24센티미터나 되었단다. 한사코 거부하는 내 귀를 파면서 "귓구멍이 좁으니까 남의 말을 잘 안 듣지"라는 다소 해괴한 말로 귀의 해부학을 통속 심리학으로 즉시 탈바꿈시킬 줄 아는 우리 집사람이 봤다면 그야말로 쾌재를 불렀을 것이다. 하지만 나이테처럼 삶의 역사를 오롯이 간직한 고래의 귀지는 나도 한번 보고 싶기는 하다.

그렇다면 귀지는 왜 존재하는 것일까? 생명체가 유한하다는 말은 곧 그것의 구성단위인 세포도 수명을 다하면 죽는다는 명제로 바뀐다. 주재료가 죽은 피부세포이기 때문에 귀지는 어쩔 수 없는 생명의 흔적이다. 흥미로운 사실은 동양인과 서양인의 귀지가 서로 다르다는 점이다. 한국이나 중국, 일본인의 귀지는 대부분 하얗고 마른 상태이지만 흑인이나 서양인의 그것은 액체처럼 젖은 데다 노랗다고 한다. 남쪽이나 서쪽 아시아인 집단에서는 반반 정도라고 한다. 미국에 처음 갔을 때 귀 파는 취미를 가진 집사람이 귀이개를 사오라고 했다. 대형 몰을 여러 차례 돌았어도 찾지 못했다. 결국 대나무 가지 쪽을 주워서 귀이개를 내 손으로 직접 만든 적이 있었다. 귀지를 파는 것은 매우 사적인 행동에 속하므로 미국 생활을 오래 했지만 미국인들이 귀를 파는 모습을 본 적은 없다. 아마 면봉을 쓰지 않을까 싶다. 잠깐 구글링해보니 주사기로 빨아내기도 하고 진공청소기처럼 귀지를 파내는 기계도 있는 듯하다.

앞에서 얘기했듯 귀지는 죽은 세포와 샘에서 분비된(secreted) 물질이 섞인 것이다. 세포 내부의 비밀(secret)을 분비하는 단백질의 차이가 동양인과 서양인의 귀지를 각기 다르게 빚어낸다. 이 단백질을 만들 때 사용된 유전자 염기 서열 단 한 개가 바뀐 인간 집단의 귀지가 마르고 하얗게 변한 것이다. 일본 연구진이 밝힌 바에 따르면 이 유전자 돌연변이가 생긴 지는 약 2,000세대 전이다. 한 세대를 20년으로 잡아도 얼추 4만 년 전에 일어난 사건의 결과가 지금껏 유지되고 있는 셈이다. 아프리카를 떠난 인류가 유럽으로, 중동으로 갈리면서 이런 차이가 고착되었을 가능성이 크다. 당연한 말 같지만 1만 5,000년 전쯤 베링 해를 건넜던 아메리카 인디언의 귀지는 하얗고 마른 동양인의 그것과 같다. 그것 말고도 더 있다. 서양인의 귀지는 분비물이 많고 지방산과 같은 화학물질도 상당히 들어 있어서 냄새도 고약하다고 한다. 이 냄새를 분석하면 몇 종류의 대사 질환도 진단할 수 있다는 연구 결과도 나왔다.

동양인이든 서양인이든 혹은 동물이든 식물이든 가릴 것 없이 살아 있는 모든 생명체는 배설한다. 그것이 자연의 법칙이다. 더 이상 필요가 없는 유전자를 가차 없이 버리고 단출한 삶을 꾸리는 일은 세균계에서도 거의 법칙에 속한다. 이 글을 쓰고 있는 지금 한국 사회에 '국정농단'과 관련한 숨겨진 비밀이 밝혀지고 있다. '비밀'과 '분비'는 영어로 그 어원이 같다. 한때는 비밀(secret)이었을지도 모를 생명의 정보가 쓰임새를 다하면 분비(secrete)되거나 배설(excrete)되는 일은 그지없이 자연스럽다.

그렇다. 비밀은 언젠가는 분비된다.

손가락 지문의 생물학적 기능

2007년 20대 후반의 스위스 여성이 미국 국경을 통과하려다 세관원의 제지를 당했다. 여권의 사진에는 문제가 없었지만 놀랍게도 손가락 지문이 없었기 때문이었다. 이를 두고 스위스 바젤 대학의 피터 이틴은 '입국심사 지연' 질환이라고 비유했다. 자신이 자신임을 증명하는 가장 확실한 표식 중 하나로 지문이 자리 잡은 역사는 꽤 오래되었다. 기록에 따르면 기원전 3세기 진나라 관리들은 사람마다 각기 지문이 다르다는 사실을 알고 있었다고 한다. 19세기 후반 『미시시피에서의 생활』이란 책에서 소설가 마크 트웨인은 지문을 이용해 범인을 궁지로 몰아넣는 이야기를 소재거리로 사용했다. 국가에 의해 의무적으로 사회적 관계망에 편입될 때 만 17세가 되는 우리 청소년들은 반드시 지문을 등록해야 한다. 곰곰이 생각해보면 참으로 무서운 일이다.

그렇다면 법의학이나 범죄수사에서 흔히 사용되곤 하는 지문의 생물학적 기능은 무엇일까? 어떤 과학자들은 촉촉한 지문이 잡은 물건을 미끄러지지 않게 하는 역할을 한다고 말한다. 종이를 연거푸 넘길 때 손가락 끝이 건조해진다는 점을 생각해보면 맞는 말인 듯도 싶다. 지금은 보기 힘든 일이 되었지만 얼마 전만 해도 손가락에 침을 퉤퉤 뱉어가며 지폐를 세는 사람들을 흔히 볼 수 있었다. 나무에서 주로 생활하는 코알라가 인간과 구분되지 않는 지문을 가지고 있다는 관찰도 그런 주장의 근거가 되었다. 하지만 그것보다는 오히려 촉각과 관련된 기능이 더 중요하지 않겠느냐는 가설도 제기되었다. 엄마 뱃속에서 여섯 달이 지나는 동안 발생이 완결되는 지문에서 땀샘과 그에 연결된 몇 가지 신경세포가 발견되기 때문이다. 우리는 주머니에 들어 있는 동전을 손가락으로 만져서 그것이 500원짜리인지 100원짜리인지 구분할 수 있다. 그리고 그것을 꺼내 자판기 투입구에 실수 없이 집어넣을 수도 있다. 이는 지문과 피부 아래 신경이 없으면 무척 어려운 작업이다.

지문과 결부된 흥미로운 사실 중 하나는 우리가 스트레스 상황에 직면하면 지문의 돋은 능선을 따라 일정하게 배열된 땀샘이 활성화된다는 점이다. 호젓한 산길에서 호랑이를 마주칠 일은 이제 없겠지만 직장 상사나 면접관을 대면해야 할 일은 흔히 생길 수 있는 것이다. 바로 이 순간에 손바닥이 축축해진다. 위기 상황에서 주변을 살펴 돌멩이나 작대기를 단단히 부여잡고 한바탕 접전을 치르거나 도망할 때는 손바닥 땀이 소용 있을 수 있겠지만 상사의 면전에서 그것은 별 쓰임새가 없다. 이렇듯 급격히 변화한 환경에 대한 생물학적 반응은 가끔 구닥다리 신세가 될 때도 있다. 아마도 가장 대표적인 경우가 스트레스 반응일 것이다. 가슴이 두근거리고 근육에 혈액을 듬뿍 보내고 눈을 부릅떠 긴장을 늦추지 않는 일은 석기시대에는 필수적이었을지 모르지만 현대에서는 적을수록 좋다.

어쨌든 지문은 손에 예민한 촉각 기능을 부여하면서 도구를 사용하여 정교한 작업을 하는 데 도움이 되었을 거라고 말한다. 하지만 그게 다가 아니다. 목욕탕에 있다가 나왔을 때 손가락이 불었던 경험은 누구에게나 있을 것이다. 유독 손가락 끝이 더욱 그렇다. 피부 각질이 물을 머금어서 혹은 혈관이 수축해서 그렇다는 둥 몇 가지 이유를 대지만 기실 이 현상에는 신경계가 관여한다. 손목 신경을 다친 사람의 손가락이 물속에서 불지 않는다는 사실은 오래전부터 알려져 있었다. 이를 두고 과학자들은 어슷하게 홈이 파인 타이어처럼 물속에서 미끄러지지 않도록 우리 손가락이 일시적으로 변형을 치렀다는 결론을 내렸다. 지문이건 주름이건 우리 손바닥과 손가락은 참으로 특별하다.

다시 처음으로 돌아가보자. 미국 입국에 상당한 시간이 걸렸던 저 여성의 손가락에는 왜 지문이 없었을까? 먼 친척을 포함해 여성의 가족 중 일곱 명이 지문을 갖지 못했다는 사실을 파악한 과학자들은 그 증상이 유전자와 관련이 있으리라 짐작하고 마침내 그것을 찾아냈다. 피부에서만 발견되는 특정 유전자에서 돌연변이가 발견된 것이다. 털이나 손톱을 구성하는 주된 단백질인 케라틴에 돌연변이가 있을 때에도 간혹 지문이 나타나지 않았다. 그렇다면 지문 없는 저 스위스 여성은 단지 촉각이 좀 무디고 종이돈을 잘 세지 못하는 불편함 말고 다른 증상은 보이지 않았을까? 기자들이 인터뷰한 내용을 보면 여성은 격렬한 운동을 하지 못했다. 수영장에서도 발만 물에 담그고 앉아 있었을 뿐 친구들과 함께 헤엄을 즐길 수 없었다. 약간만 근육 운동을 하면 체온이 급격히 올라갔기 때문이다.

우리 인간은 끊임없이 열을 내지만 체온이 급격하게 올라가지 않는다. 사실 잘 느끼지도 못한다. 인간의 신체가 되먹임 체계를 적절히 가동하면서 언제든 체온을 일정하게 유지하는 땀샘을 갖추고 있기 때문이다. 인간의 피부는 제곱센티미터당 약 150~340개에 이르는 에크린 땀샘을 구비하고 효율적으로 체온을 조절한다. 개인 차이가 있지만 우리는 약 200만~500만 개의 땀샘을 가지고 있다. 손바닥과 발바닥에 가장 많이 분포한 땀샘은 머리에서 몸통, 사지로 내려가면서 그 수가 줄어든다. 그렇다면 지문에 박혀 있는 땀샘도 체온을 유지하는 데 중요한 역할을 하리라고 능히 짐작할 수 있다.

박동하듯 에크린샘을 통해 피부로 1분에 땀을 최대 스무 차례나 주기적으로 흘리면서 체온을 조절하는 일은 침팬지나 고릴라 그리고 인간만이 가진 고유한 특성이다. 다른 포유동물의 경우 에크린샘은 역할이 미미하거나 거의 없다. 코끼리는 혈관이 풍부하게 분포한 귀를 팔랑거리거나 주름진 피부로 표면적 늘리면서 적도의 더위를 견딘다. 개나 고양이는 주로 헐떡이면서 체온을 식히지만 인간처럼 땀을 흘리지는 않는다. 대신 발바닥에 땀샘이 풍부하다. 이들과 달리 우리 인간은 몸 표면과 공기의 경계면에서 충분히 땀을 흘리고 그것을 증발시키면서 체열을 떨어뜨린다.

현대에 들어 인류는 오래되었지만 완성도가 높은 '땀 흘림'이라는 우리 몸의 생리학적 되먹임 기제 대신 화학 에너지가 듬뿍 가미된 전기 온도조절 장치에 대한 의존도를 한층 높여가고 있다. 여름날 시동 켜진 자동차 옆을 지나가기 무섭고 에어컨 실외기 앞의 회양목이 가뭇없이 시들어간다. 폭염이 심해지고 있다.

인간의 치아와 상어의 치아

호주 퀸즐랜드 선샤인 해안의 동물원 국장이었던 스티브 어윈은 2006년 홍어에 물려서 죽었다. 그는 열렬한 환경 운동가이자 원시림 탐험 프로그램을 진행하던 '악어 사냥꾼'으로 전 세계 시청자들에게도 잘 알려져 있었던 인물이다. 잔치 때마다 빼놓지 않고 홍어무침을 먹었던 나는 저 뉴스를 보며 '독이 있는 홍어도 있구나' 하고 고개를 끄덕였던 기억이 난다. 벌처럼 쏘는 범무늬노랑가오리(stingray)는 꼬리에 가시가 자리 잡고 아래 독의 분비선이 있어서 포식자의 공격으로부터 자신을 보호한다. 재미있는 점은 홍어와 같이 연골어류에 속하는 상어의 비늘도 저 가시와 진화적 기원이 서로 같은 상동 기관이라는 사실이다.

오돌토돌한 상어의 피부는 방패비늘(楯鱗, placoid scales)이라고 불리는 200~500마이크로미터(㎛) 크기의 비늘로 덮여 있다. 전자 현미경으로 상어 피부를 관찰했던 과학자들은 저 비늘이 우리 인간의 치아와 구조적으로 동일하다는 사실을 발견했다. 물고기와 사지동물의 중간 단계에 해당하며 '팔 굽혀 펴기'를 할 수 있었던 물고기 화석을 발견한 고생물학자 닐 슈빈은 턱이 없는 어류인 칠성장어 이빨에서 입안으로 들어오고 있는 중인 상어의 방패비늘을 보았다. 척추동물은 오랜 시간에 걸쳐 방어용 외골격 조직을 여러 가지 기능을 수행하는 내골격 이빨로 용도를 바꾸어버린 것이다. 캄브리아기를 규정하는 대량의 화석은 분해가 쉽지 않은 이런 외골격과 이빨, 그리고 근육이 붙어 있던 뼈에 다름 아니다. 생명체의 역사에서 마침내 "피로 물든 이빨과 발톱"의 시대가 찾아온 것이다.

인간처럼 척추동물로 분류되지만 턱이 없어 무악어류로 불리는 생명체 중에는 우리가 즐겨 먹는 곰장어도 있다. 청소동물로 바다 아래쪽에 사는 곰장어와 달리 몸통에 7개의 아가미 구멍이 있는 칠성장어는 강한 이빨을 물고기 몸통에 박아 체액을 빨아먹는다. 강원도 양양 남대천에서 발견되는 칠성장어는 먹장어와 더불어 '살아 있는 화석'이면서 동시에 이빨이 턱보다 먼저 진화했다는 사실을 몸으로 증명하는 신비로운 물고기이기도 하다.

턱과 이빨은 살아가는 데 먹는 행위가 중요하다는 점을 웅변하는 진화적 장치이다. 척추동물의 98퍼센트가 턱을 가졌다는 사실을 떠올리는 것만으로도 우리는 저 기관의 유용성을 익히 짐작할 수 있다. 턱은 먹잇감을 잡고 소화기관 안으로 집어넣는 일을 수행한다. 이빨이 없는 닭도 부리와 턱을 움직여 물고기를 입안으로 욱여넣는다. 하지만 이빨이 있으면 잡고 씹어서 소화의 에너지 효율을 극대화할 수 있다. 사자나 기린 모두 먹는 방식은 사실상 동일하다. 차이가 있다면 이빨의 종류가 다르다는 점뿐이다.

잡식성인 인간의 입에는 앞니, 송곳니, 어금니가 각각 8개, 4개, 20개 있다. 앞니는 끊고 자른다. 송곳니는 구멍을 낼 수 있다. 어금니는 맷돌처럼 음식을 잘게 갈 수 있다. 익히 잘 알고 있듯이 육식성인 사자는 송곳니가, 초식성인 기린은 어금니가 발달했다. 코끼리는 길고 커다란 엄니(ivory)를 공격용으로 사용한다. 200개가 넘는 이빨을 가진 돌고래도 있다. 과학자들은 포유류가 진화하면서 이빨의 수는 점차 줄어든 반면 다양성은 증가했다고 말한다. 동물의 이빨은 다양하지만 사실 그 형태는 무엇을 먹는가와 밀접한 관련이 있다. 젖을 먹을 때 이빨이 필요하지 않다는 점을 생각해보면 우리 인간을 포함한 젖먹이 포유동물이 태어날 때 이가 없다는 사실이 단박에 이해가 된다.

약 6~8개월 정도 자라면 아기의 입 아래쪽에서 앞니 두 개로 시작해 얼추 30개월 정도면 전부 20개의 젖니가 나오게 된다. 이로부터 우리는 두 발로 걷는 사건보다 치아가 나오는 일이 먼저라는 사실을 알 수 있다. 또 30개월 정도면 젖을 떼고 아기가 다른 종류의 음식물을 먹을 생물학적 준비가 완성된다는 점도 짐작할 수 있다. 그러나 치아는 우리가 생각하는 것보다 훨씬 이른 시기에 발생을 시작한다. 수정이 되고 약 8주 후면 젖니, 20주 후면 영구치의 발생이 시작되기 때문에 우리는 태어날 때 이미 52개의 치아를 다 갖고 있다. 그게 인간 치아의 전 재산이다. 상어는 살아 있는 동안 3만 번 이빨을 교체할 수 있다고 한다. 빠지면 바로 나오기 때문이다. 인간은 초등학교에 들어갈 즈음에 곤충이 탈바꿈하듯 치아를 교체한다. 아이의 몸통은 성장을 하지만 한번 형성된 치아는 더 자라지 않기 때문이다. 성인이 될 때까지 부피가 네 배 증가하는 뇌를 담기 위해 인간의 머리통은 당연히 커져야 할 것이다. 이렇게 자라난 턱에 맞춰 인간은 치아를 새것으로 교체할 필요가 생겼다.

새로 나온 영구치는 더 크고 튼튼하다. 뼈와 달리 수산화 인회석이라는 무기염류가 함유된 강력한 법랑질(enamel)이 위아래 두 개의 이빨이 마주치는 부위에 자리 잡기 때문이다. 하지만 법랑질을 만드는 세포는 잇몸을 뚫고 치아가 나오자마자 죽어버린다. 치아의 표면이 부식되고 손상되면 다시 회복되지 못한다는 뜻이다. 게다가 사랑니는 17~21세 정도에 느지막하게 나온다. 아예 사랑니가 없는 사람도 더러 있다. 인간이 불을 사용하면서 턱과 이빨에 부담을 줄인 덕택일 것이다. 앞으로 인류가 더 부드러운 음식을 먹게 되면 우리 치아는 약해지고 그 수도 더 줄어들지 모르겠다.

길게 보면 인간은 늘 진화하는 중임에 분명하다.

코딱지의 세계

신호 대기 중인 차 안에 홀로 있는 남성은 주로 코를 파면서 짧은 시간을 요긴하게 보낸다고 한다. 여기서 방점은 아무래도 '홀로 있는'과 '남성'에 찍힐 것 같다. 혼자 있을 때 코를 파는 일이 흔하고 그런 행위가 성별에 따라 다소 차이가 난다는 연구 결과는 이미 알려져 있다. 그러나 내가 알기로 중인환시(衆人環視) 중에 코를 파는 행동을 권장하는 사회는 없다. 그렇다면 들켰을 때 창피할 수도 있는 코 파는 행위가 사라지지 않고 인간 사회에 만연하게 된 까닭은 무엇일까?

최근 여러 국가의 과학자들이 모여 코 파기와 관련된 인간의 유전자가 있지 않을까 연구한 적이 있었다. 국민의 세금을 가지고 별 쓸데없는 연구를 다 한다고 지청구 먹기 딱 좋은 실험 소재다. 하지만 '우리 피부는 왜 밤에 더 가려울까?'와 같은 궁금증을 파헤쳐가는 동안 가려움을 매개하는 새로운 신경세포가 발견되기도 했으니 코딱지를 연구하다가 지금껏 알려지지 않은 미생물 세계의 장관을 접하지 말란 법도 없다. 유전자가 코를 파는 행위와 같은 형질을 결정한다고 하면 늘 그렇듯 '유전자 만능'에 관한 찬반 논쟁이 불거진다. 해석에 유의해야 한다면서 다국적 연구진은 코 파는 일이 콧구멍을 청결하게 유지하기 위해 '자연 선택된' 행동이라고 말했다. 인류의 생존에 뭔가 이점이 있었다는 뜻이다. 가느다란 인간의 손가락과 마디가 코 파기에 적합하다는 따위의 다소 허무맹랑한 주장도 있지만 이는 논외로 치자. 그러나 콧구멍을 청결하게 하는 일이 카나비노이드(cannabinoid) 신호체계와 관련이 있다는 데 대해선 솔깃한 느낌이 든다. 소량이나마 초콜릿에도 들어 있는 카나비노이드는 대마초의 주성분이며 우리 인간의 뇌에서도 작동하는 신경전달물질이다. 우리 뇌 안의 보상 회로는 마약성 식물인 대마나 아편에서 발견되는 물질과 흡사한 화합물을 사용한다. 이런 연구 결과를 접하면 코 파는 행위가 탐닉적인 성격을 띨 수도 있겠다는 생각도 든다. 아닌 게 아니라 코 파기의 즐거움을 논한 책이 시중에 회자되기도 한다.

많지는 않지만 코 파기에 대해 진지하게 연구하는 학자들도 있다. 2001년 "흉내 낼 수 없거나 흉내 내면 안 되는" 연구 결과로 이그(Ig) 노벨상을 받은 인도의 안드라데와 스리하리는 청소년과 아이들 200명을 대상으로 코 파는 행위에 대해 조사했다. 결과에 따르면 코 파는 일은 애 어른 할 것 없이 누구나 수행하는 매우 보편적인 인간의 특성에 속한다. 하지만 누구나 당연하다고 여기는 것을 연구하고 논문으로 발표하는 과학자들이 그리 많지는 않다. 코 파는 행위가 즐거움을 준다거나 가려운 데를 긁는 행위가 뇌의 행복 중추를 자극한다는 연구도 극히 최근에 수행된 일이다. 임상 정신의학 저널에 소개된 안드라데와 스리하리의 연구 결과 중 흥미로운 사실은 심지어 코딱지가 맛있다고 답했던 아이들이 4.5퍼센트나 된다고 꼭 집어 숫자를 제시했다는 점이다. 맛있다고는 말 못 하겠지만 나도 코딱지의 짭조름한 맛을 기억한다.

한번은 동료로부터 코딱지를 먹는 일이 나쁜 게 아니라 오히려 건강에 좋을 수도 있다는 투의 얘기를 들었다. 출처는《네이처》에 나온 2016년의 논문이었다. 내용은 방대하지만 결론은 으레 그렇듯 지극히 단순했다. 우리 코딱지에 사는 눈에 보이지도 않는 미생물이 항생물질을 만든다는 것이다. 이 연구 결과는 토양에 사는 미생물이 항생물질을 만든다는 기존의 통념을 흔들어놓았다.

흔히 우리는 인간 질병의 원인이라며, 눈에 보이지 않게 작은 미생물을 싸잡아 '공공의 적'으로 치부하는 경향이 있다. 하지만 알고 보면 대부분의 미생물은 인간에게 아무런 관심이 없다. 오히려 일부 미생물은 인간이 살아가는 데 없어서는 안 되는 유익한 생명체들이다. 요즘 들어 이들 미생물에 대한 우리의 관심이 늘고 있다. 서점에 가면 10퍼센트 인간이니 우리 몸에 미생물이 너무 많다느니 하는 내용의 책을 쉽게 볼 수 있다. 인간의 몸을 구성하는 세포 전체의 열 배 정도가 세균이고 그 무게는 무려 고기 '두 근 반'인 1.5킬로그램에 이른다. 이들 미생물 대부분은 대장(大腸)의 '주민'들이고 인간의 소화기

과학자들은 '피부는 왜 밤에 더 가려울까?'와 같은
궁금증을 파헤치다가 가려움을 매개하는
새로운 신경세포가 있다는 사실을 발견했다.
코 파기에 대해 진지하게 연구하다가
항생물질을 만드는 콧속 미생물을 발견한 과학자들도 있다.
질문은 어느 것 하나 사소한 것이 없다.

관이 처리하지 못한 섬유질 등을 먹고 살면서 인간 영양소의 약 10퍼센트를 보상으로 제공한다. 그러나 북적거리는 그곳이 아니라도 우리 몸 곳곳에서 미생물은 꿋꿋이 살아간다. 한 올의 머리카락을 분간하지만 우리 눈이 세균을 볼 수 없다는 사실은 얼마나 다행인가?

입속처럼 콧속에도 90종류가 넘는 미생물이 상주한다. 사람마다 얼굴 생김이 다르듯 이들 미생물의 구성도 사람마다 제각각이다. 어떤 사람들의 코에는 루그더닌(lugdunin)이라는 무척 생소한 이름의 항생제를 만드는 미생물이 산다고 한다. 여러 개의 아미노산으로 구성된 이 물질은 항생제 내성을 가진 고약한 세균의 생육을 저지할 수 있다. 그렇다면 루그더닌을 만드는 미생물을 보유한 사람은 그렇지 않은 사람들에 비하여 병원성 세균에 대한 무기 하나를 더 가진 것이 아닐까? 혹시 우리 몸에 상주하는 세균은 우리 면역계의 일부일까? 질문은 계속되어야 하고 그 답을 얻기 위한 연구도 지속되어야 한다. 사소해 보이는 코딱지라고 예외는 아니다.

그렇게 물음을 거듭하다 보면 우리 안 작디작은 세계가 시나브로 그 참모습을 드러낼 것이다.

피부의 '점'은 생명체의 역사

'봄볕에 그을리면 임도 못 알아본다'는 옛이야기의 주인공은 바로 자외선이다. 낮이 길어지는 봄날에는 자외선에 노출되는 시간도 늘어난다.

지구 역사 어느 순간 부산물로 산소를 만들어내는 남세균이 등장하고 덩달아 대기 중 오존층이 형성되면서 생명체에 해로운 자외선을 효과적으로 차단하게 되었다고 고생물학자들은 말한다. 그렇다면 오존이 만들어지지 않았던 초기 지구는 어땠을까? 노르웨이 오슬로 대학의 다그 헤센 박사는 처음에는 황을 포함한 기체가, 그 후로는 메탄이 어느 정도 자외선을 차단했으리라고 추정했다.

태양은 다양한 파장을 지닌 전자기파를 송출한다. 우리는 식물이 광합성에 사용하는 가시광선보다 짧은 파장을 자외선, 반대로 긴 파장을 가진 파동을 적외선으로 분류한다. 햇살이 비친 벽돌의 따스함은 적외선의 효과를 드러내는 것이지만 자외선은 단백질이나 유전자 같은 생체고분자를 손상시킬 뿐만 아니라 그 빛에 오래 노출된 세포를 죽일 수도 있다. 지구에서 자외선의 이런 위험성은 생명 탄생 초기부터 지금까지 쭉 이어져왔다. 지금껏 모든 생명체는 자외선을 차단하는 몇 가지 장치를 진화시켜 왔다.

우선 자외선을 피해 달아나는 회피 행동, 두 번째로 자외선을 차단하거나 흡수하는 화합물을 만드는 일, 마지막으로 손상된 유전자를 수리하거나 항산화 효소를 합성하는 일 등이다. 모두 생명의 세계에서 흔히 관찰되는 현상이다. 수생 어류나 유충 또는 플랑크톤은 내리쬐는 자외선을 피해 수직으로 하강할 수 있다. 밤에만 활동하는 동물들은 자외선 걱정을 덜었을 것이다. 이들은 모두 회피 방식이다. 한편 우리가 아는 거의 모든 생명체들은 멜라닌 혹은 카로틴과 같은 물질을 만들어 자외선을 차단하거나 손상된 유전자를 수리하는 정교한 도구 또는 항산화 효소를 개발했다.

하지만 자외선이 늘 나쁘기만 한 것은 아니다. 자외선은 공기 중 세균이나 바이러스 혹은 기생 생명체를 죽이기도 한다. 눈에 보이지 않지만 자외선의 이러한 살균 효과는 인간의 입장에서 보면 결코 나쁜 일은 아닐 것이다. 게다가 자외선은 피부 아래 모세혈관에 흐르는 콜레스테롤을 비타민 D로 변화시킨다. 척추동물의 뼈 건강에 반드시 필요한 비타민이다. 사정이 이렇다면 인간이 자외선을 애써 구해야 하는 상황이 찾아올지도 모른다. 그리고 실제 그런 일이 일어났다. 인류가 아프리카를 떠나 북반구 추운 곳으로 이동하게 된 사건이 벌어진 것이다. 안타깝고 소중한 햇볕, 특히 비타민 D를 만드는 데 필요한 자외선을 확보하기 위해 인류는 무슨 일을 했을까? 간단했다. 바로 멜라닌 생산량을 줄인 것이다.

200종이 넘는 인간의 세포 중에서 멜라닌을 만드는 일은 멜라닌세포 담당이다. 피부 상피와 그 아래 진피가 만나는 곳에 자리 잡은 멜라닌세포는 합성한 검은색 멜라닌을 수십 개에 달하는 주위 피부세포에 전달하기 위해 가지를 뻗고 있다. 적도 지역에 강하게 내리쬐는 햇볕을 효과적으로 차단하기 위해 아프리카인들은 멜라닌 생산을 최대치로 끌어올리고 피부를 검게 유지한다. 그렇다고 해서 적도 근처에 사는 사람들의 멜라닌세포 수가 더 많은 것은 아니다. 어디 살든 사람들은 피부세포 30개당 1개꼴로 멜라닌세포를 갖는다. 고위도에 사는 사람들은 다만 멜라닌을 적게 만들 뿐이다. 따라서 인류의 피부색은 자외선의 피해를 최소화하면서도 비타민 D를 합성하기 위한 모종의 타협점을 의미할 뿐이다.

그렇다면 인간은 현재의 피부색을 바꿀 수 있을까? 물론 가능하다. 다만 끈기가 좀 필요하다. 이런저런 선택을 거쳐 피부색이 바뀌는 데는 100세대, 약 2,500년이 걸리기 때문이다. 하지만 노르웨이에 살던 사람이 호주로, 반대로 나이지리아에 살던 사람이 캐나다로 이주하게 된다면 상황은 심각해진다. 호주에 사는 노르웨이인은 피부암에 걸릴 확률이 늘어나고 캐나다의 흑인은 비타민 D 부족 현상을 겪을 가능성이 높아질 것이다.

인간의 눈, 털, 귀 혹은 뇌에도 멜라닌 혹은 멜라닌세포가 존재한다. 그러나 대부분은 1.7제곱미터 면적의 피부에 분포한다. 일차 방어벽 역할을 하는 피부에서 멜라닌세포는 면역기능을 담당하기도 한다. 참 다재다능한 세포이다. 성인 한 사람이 평균 30개쯤 가지고 있다는 우리 피부의 점(nevus)도 다수의 멜라닌세포로 이루어졌다. 피부 반점은 크기도 각기 다르고 튀어나왔거나 편평한 것도 있어서 그 형태가 천차만별이지만 대부분 해롭지 않아 건강에 별반 영향을 끼치지 않는다.

점은 멜라닌세포를 가진 모든 포유동물에서 관찰되며 특히 개와 말 그리고 인간에게서 쉽게 찾아볼 수 있다. 햇볕을 쬐거나 호르몬 양이 변하면 점의 개수가 늘어날 수 있지만 가끔은 점이 사라지기도 한다. 생리학자들은 점을 구성하는 멜라닌세포가 피부에서 생겨나 안쪽으로 이동했는지 아니면 반대로 진피에서 생겨나 밖으로 옮겨왔는지를 두고 지금도 논쟁을 벌인다. 게다가 요즘 사람들은 얼굴이나 피부의 점을 미용의 적으로 치부하고 모조리 제거하려 든다. 그러거나 말거나 점은 멜라닌색소 생산 과정이 생명체 역사와 오랜 기간 함께해왔음을 그저 묵묵히 증언할 뿐이다.

털 잃은 인류, 언제부터 옷을 입었을까

겨울이 되면 발목까지 내려오는 긴 외투를 입은 사람들이 거리를 활보한다. 대부분의 겨울 외투 안에서 보온 효과를 주는 날짐승의 깃털은 피부의 변형된 형태로 인간의 손톱이나 침팬지의 털과 그 유래가 별로 다르지 않다. 갓 태어난 새끼만 먹을 수 있도록 젖을 발명해낸 포유류의 또 다른 대표적인 특성이 바로 털이다. 피부 표면에 단열 효과가 매우 뛰어난 털외투를 두른 것이다. 하지만 털은 몸 안의 열을 외부로 방출되지 못하도록 막기 때문에 포유류가 덥고 건조한 기후에 적응하는 데 방해가 된다.

사람들은 흔히 5,000종이 넘는 포유동물 중에서 유일하게 털이 없는 동물이 바로 인간이라고 일컫는다. 그러나 엄밀히 말하면 그 말은 틀렸다. 사실 침팬지나 인간이나 털이 자라나는 모낭의 수는 다르지 않다. 인간의 머리에는 약 10만 개, 몸통에는 300만~500만 개의 모낭이 있다. 거기서 털이 나고 자라고 빠지는 일이 진행된다. 다른 점이 있다면 인간보다 침팬지의 털이 더 굵고 더 시커멓고 길게 자란다는 것이다.

그러므로 질문은 털이 왜 사라졌느냐가 아니라 '왜 털이 왜소해졌는가?'로 바뀌어야 한다. 이에 다윈은 이성에게 매력적으로 보이기 위해 인간이 털을 버렸다고 말했다. 한편 어떤 과학자들은 온도에 민감한 뇌를 보호하기 위해 인간이 털을 잃었다고 추측하기도 한다. 가장 빠른 동물인 치타가 1분을 달리지 못하고 털북숭이 사람과 동물이 태양 아래에서 쉽게 열사병에 걸리는 점을 감안하면 적도 근처의 초기 인류에게 효율적으로 열을 식히는 장치는 꼭 필요했을 것이다. 다른 과학자들은 무리지어 동굴에서 살던 인류를 괴롭힌 이(lice)나 벼룩 등, 외부 기생충을 피하기 위해 털을 포기한 것이라고 주장하기도 한다. 그 기생충들이 질병을 옮기기도 했기 때문이다. 원인이야 어떻든 털을 잃은 인간은 이제 땀샘을 한껏 구비하고 외부로 열을 방출하면서 두 발로 대지 위를 오래 걸을 수 있게 되었다. 지구력 면에서 타의 추종을 불허하는 인류가 탄생한 것이다.

그럼 인류는 언제 벌거숭이가 되었을까? 몇 가지 증거를 바탕으로 과학자들은 약 120만 년 전에 두 발로 걷던 인간의 몸에서 털이 사라졌다는 결론에 도달했다. 단열재 털을 잃은 인간은 밤이나 고위도의 추위를 견디기에 무척 불리했을 것이다. 뭔가 대안이 필요했으리라는 뜻이다. 털이 없어지는 사건을 전후해서 인간이 불을 사용했을 가능성도 있다. 하버드 대학의 인류학자인 리처드 랭엄은 인간의 구강 구조를 증거로 내세우며 인류가 불을 사용한 시기가 털을 벗은 시기보다 앞섰으리라고 주장하기도 했다. 치아의 크기가 줄고 턱의 힘이 약해지면서 느슨해진 머리뼈 덕분에 신생아 뇌의 크기를 키울 수 있었고 소화 효율이 높아져 인간이 먹는 데 쓰는 시간을 획기적으로 줄일 수 있었다고 랭엄은 말했다. 그럴싸하다.

불 말고 추위에 대한 인간의 적응성을 높일 만한 수단이 또 있을까? 가장 먼저 떠오르는 것은 옷이다. 그러면 인류는 언제부터 옷을 입었을까? 옷의 재료가 동물의 가죽이든 식물의 섬유든 생체 물질은 쉽게 분해되기 때문에 화석으로 오래 남지 못한다. 하지만 과학자들은 '이'의 유전체 분석을 통해 인간이 언제부터 옷을 입게 되었는지 알아냈다. 고인류학에 분자생물학 기법이 가미된 놀라운 결과가 아닐 수 없다. 700만 년 전 공통조상으로부터 침팬지와 초기 인류가 분기된 것처럼 옷 솔기에 사는 이도 머릿니와 진화적 작별을 치르고 새로운 장소에서 새로운 종(種, species)으로 살아가리라 작정한 것이었다.

플로리다 자연사박물관의 데이비드 리드 박사팀은 해부학적으로 현생인류인 아프리카 사람들이 약 8만 3,000년 전에서 17만 년 전 사이에 본격적으로 옷을 입게 되었다는 연구 결과를 발표했다. 머리에 살던 이가 의복으로 터전을 옮겨 살게 된 역사를 유전체에서 복원한 것이었다. 유전체를 분석하는 과학자들은 여러 생명체에서 공통적으로 발견되는 매우 잘 보존된 유전자의 염기 혹은 단백질의 아미노산 서열을 비교하면서 생물 종 사이의 유연관계를 파악한다. 인류가 언제 털을 잃게 됐는지 짐작하게 된 것도 포유동물의 피부와 털의 색을 결정하는 유전자를 비교 분석 후 얻은 결론이었다. 털옷을 벗고 불을 지핀 인류는 이윽고 옷을 갖춰 입게 됨으로써 위도나 고도가 높은 곳으로 출정할 준비를 갖췄다. 그렇다고는 해도 인류는 섣불리 터전을 버리지는 않았을 것이다. 인간이 대대적으로 아프리카를 등지게 된 까닭은 그들이 살던 아프리카 동부 지역이 건조해지면서 먹을게 현저히 줄어들었기 때문이라고 한다. 게다가 체체파리와 같은 곤충이 매개하는 질병이 사람들을 괴롭히기도 했다.

열악한 상황에서 약 몇만 명까지 줄었던 인구는 현재 78억 명을 넘어섰다. 털옷을 벗은 인류는 불과 옷을 발명한 데다 난방이 가동되는 콘크리트 벽 안에서 칩거 중이다. 하지만 모든 사람이 그런 혜택을 누리지는 못한다. 지금도 칼바람이 들이치는 고시원 쪽방에서 난로 하나로 쪽잠을 청하는 이들은 먼 옛날에 잃어버린 인간의 털옷을 꿈꾸고 있을지도 모를 일이다.

산소와 함께 살기

가을이 깊어가면 나무들은 하늘을 향해 뻗었던 광합성 전진기지를 철수하느라 분주하다. 물과 영양분이 들락거리던 지난 성하(盛夏)의 물관과 체관으로 한 켜의 나이테를 더한 나무는 작년보다 몸통을 더 키웠다. 공기 속의 삶을 선택한 나무들은 위로 높이 솟구치기 위해 밑동을 부풀린다. 나무가 생산하는 유기화합물의 90퍼센트 이상은 공기 중의 이산화탄소에서 비롯된다. 10퍼센트가 채 안 되는 나머지는 뿌리를 통해 흡수하는 지각 속의 물에서 나온다. 그렇기에 땅에 뿌리를 박고 있지만 나무는 가히 대기권에 근거를 둔 생명체라고 할 수 있는 것이다. 그렇다면 과연 나무는 어떻게 꼿꼿이 서게 되었을까?

식물은 리그닌(lignin)이라는 생체고분자 화합물을 발명한 덕분에 수직 상승을 현실화할 수 있었다. 목재 혹은 나무를 뜻하는 라틴어, 리그눔(lignum)에서 유래한 리그닌의 화학구조를 보면 유달리 산소 원자가 많음을 알 수 있다. 약 4억 년 전 고생대 실루리아기에 산소를 접착제 삼아 생성된, 물에 녹지 않는 리그닌 화합물은 황무지였던 지표면을 푸르게 만들어 지구 풍광을 일신(一新)했다. 리그닌은 식물을 땅 위에 굳건히 서 있게 했을 뿐만 아니라, 잎의 표면적을 넓혀 태양 에너지를 맘껏 수용할 수 있게 만들었다. 그 어떤 생명체도 넘보지 못했던 대기권이라는 생태 지위를 차지한 나무는 빠르게 지구 대륙으로 퍼져 나갔다. 그리고 그곳으로 날개 달린 곤충과 새를 불러들여 꿀과 안식처를 제공했다. 이렇게 보면 결국 식물이 나무가 될 수 있었던 까닭은 대기 중에 존재하는 산소 덕분이다.

식물뿐만 아니라 동물도 산소 덕분에 몸집을 키울 수 있었다. 식물의 리그닌에 필적하는 동물의 고분자 화합물은 콜라겐이다. 포유동물이 가진 단백질의 양을 100이라고 했을 때 콜라겐은 그중 약 25퍼센트를 차지한다. 단연 압도적이다. 콜라겐은 인간의 결합조직인 뼈나 연골에 주로 존재한다고 알려져 있지만 사실 어디에나 다 있다. 머리카락이나 혈관에도 있다. 이 중에서 콜라겐이 부실했을 때 가장 직접적으로 타격을 받는 조직은 어디일까? 뼈, 이빨? 아니다. 바로 혈관이다.

심장에서 전신으로 영양분과 산소를 공급하기 위해 인간은 약 10만 킬로미터가 넘는 혈관계를 구비하고 있다. 따라서 혈관벽을 튼튼하게 유지하는 일은 건강하게 살기 위한 지름길이다. 그리고 그것은 곧 콜라겐을 견고하게 구축하는 일에 다름 아니다. 공들여 땋은 여자아이 삼단 머리처럼 콜라겐 다발은 세 줄의 콜라겐 기본단위로 이루어져 있다. 콜라겐 단백질 안에는 특별히 프롤린(proline) 아미노산이 풍부하다. 13퍼센트에 육박할 정도다. 세포들은 프롤린 분자에 산소와 전자 한 개를 붙인 수산기를 일종의 접착제로 사용하여 세 줄의 콜라겐 다발을 완성한다. 이렇게 콜라겐 다발을 만들 때도 산소가 꼭 필요하다. 하지만 콜라겐 다발에 구조적 안정성을 확고히 부여하기 위해서는 반드시 전자가 필요하다.

콜라겐 단백질에 전자를 전달해주는 생체 물질은 다름 아닌 비타민 C이다. 대항해 시대에 수많은 선원들의 목숨을 앗아가면서 요란스럽게 등장한 비타민 C 결핍의 주요한 증상인 괴혈병은 대개 전자 하나를 제대로 전달하지 못해 부실해진 콜라겐 단백질에서 비롯되었다. 비타민 C의 정체를 밝힌 헝가리의 센트죄르지 박사는 연구 초반 저 물질을 확보하기 위해 소의 부신을 대량으로 추출했다. 부신(副腎)은 그 이름처럼 콩팥 위에 붙은 기관이며 아드레날린과 같은 신경전달물질을 만들고 분비한다. 아드레날린을 만들 때도 비타민 C가 제공하는 전자가 필요한 것이다. 교과서에서 우리는 비타민 C가 중요한 세포 내 항산화물질이며 활성산소로부터 세포를 보호한다고 배웠다. 하지만 그것은 정말 빙산의 일각에 불과하다. 비타민 C는 스트레스성 매개 물질인 아드레날린뿐만 아니라 근육의 운동 및 쾌감 본능을 매개하는 도파민 생합성에도 필요하다. 또한 에너지원으로 쓰기 위해 잘게 쪼갠 지방산을 미토콘드리아로 운반하는 카르니틴이라는 물질을 만들 때도 필수적이다. 괴혈병의 초기 증상은 권태감을 동반하는데 이 증상은 카르니틴이 제대로 기능을 하지 못하는 데서 비롯된다.

그러나 인간은 이렇게 중요하고 다양한 기능을 하는 비타민 C를 스스로 만들지 못한다. 대신 싱싱한 채소나 과일을 먹어 필요한 양의 비타민 C를 충족한다. 하지만 인간과 달리 지구상에 사는 대부분의 다세포 생명체는 스스로 비타민 C를 만든다. 몇 종의 물고기와 새 그리고 박쥐 일부, 기니피그 및 영장류를 제외한 대부분의 동물들은 비타민 C를 만드는 유전자와 효소 일습(一襲)을 갖추고 평생을 살아간다. 심지어 식물이나 버섯도 비타민 C를 합성한다. 식물의 비타민 C는 주로 광합성 과정에서 파생하는 활성산소를 제거한다고 알려졌지만 콜라겐과 신경전달물질의 합성에 참여하는 동물에서의 비타민 C의 기능을 염두에 둔다면 이 화합물이 식물에서도 다양한 기능을 할 것이라고 능히 짐작할 수 있다. 식물이 왕성하게 성장하거나 과일이 익을 때 비타민 C가 필요하다는 최신의 연구 결과는 이런 추론을 뒷받침한다.

그렇다면 인류는 어쩌자고 비타민 C라는 중요한 물질을 만드는 수단을 내팽개쳤을까? 과학자들은 아마도 우리 영장류 조상이 나무 위에서 잎과 과일을 충분히 섭취할 수 있게 되면서 이런 생화학적 격변이 찾아오지 않았을까 합리적으로 추론한다. 잘 알려지지는 않았지만 사실 항산화제인 비타민 C를 합성하는 동안 역설적이게도 세포 독성물질인 과산화수소산화물이 만들어진다. 주위에서 쉽게 비타민 C를 확보할 수 있게 된 인간은 저 효소를 만드는 데 필요한 에너지와 탄수화물 재원도 절약하고 간접적으로나마 독성물질의 위험도 줄일 수 있게 되었다. 그 결과 인간은 생물학적으로 채소와 과일을 자주 먹어야 하는 처지에 놓였다. 이는 진화적으로 피할 수 없는 운명이다.

호모 바커스

전통시장을 어슬렁거리다 보면 간혹 술빵과 마주치게 된다. 예전에 어머니가 만들어주시던 빵의 투박함은 사라지고 대신 강낭콩이니 푸른 완두콩이니 하는 고명이 먹음직스럽게 올라와 있다. 고무 함지박에 밀가루를 넣고 어머니는 막걸리와 사카린 혹은 그것을 가루 낸 당원 녹인 물을 약간 섞어 반죽을 빚었던 것 같다. 아랫목에 한동안 놔둬 빵빵해진 밀가루 반죽을 서둘러 쪄낸 술빵은 어릴 적 자주 새참거리로 등장해서 막걸리 주전자를 들고 어머니를 따라나선 내게도 얼마간의 몫이 돌아왔다.

술이 들어갔기 때문에 술빵이란 이름이 붙었다는 점은 익히 짐작이 간다. 이름값 하듯 술빵에선 약하긴 하지만 막걸리 향이 난다. 그렇다곤 해도 부풀린 밀가루 반죽으로 술빵을 만드는 주역은 막걸리가 아니라 그 안에 들어 있는 효모(yeast)다. 맨눈으로는 볼 수 없는 단세포 생물인 효모가 밀가루의 주성분인 탄수화물을 알코올과 이산화탄소로 바꾸는 탁월한 재주를 부린 것이다. 바로 우리가 발효라고 부르는 생물학적 과정이다.

인류 역사 초기부터 효모는 인간 사회에 깊숙이 편입되었다. 빵과 와인 혹은 맥주를 만드는 데 반드시 효모가 필요하기 때문이다. 효모의 발효 산물인 이산화탄소 덕에 부푼 밀가루 반죽에 열을 가하면 알코올이 날아가고 고소한 빵이 된다. 그와 반대로 기체인 이산화탄소를 날려버리고 액체인 알코올만 남기면 그것이 곧 와인이고 맥주다.

고고학 자료에 따르면 인간은 약 9,000년 전부터 곡물이나 꿀 혹은 과일을 이용하여 술을 담갔다고 한다. 본격적으로 술을 빚지는 않았다 해도 아마 인간에게는 소량의 알코올을 섭취할 기회가 간혹 있었을 것이다. 늦가을 길에 떨어진 과일에 알코올이 함유되었을 가능성이 크기 때문이다. 곰팡이가 덤벼들기 직전 땅에 떨어진 물컹한 단감에서 약간의 술 냄새를 맡았던 기억이 내게도 남아 있다. 하지만 알코올이 인간만의 전유물인 것은 아니다.

2017년 'BBC-지구'에 실린 기사를 보면 술에 취한 채 창공을 날다 죽은 새들 이야기가 등장한다. 2000년대 초반 미국 캘리포니아 로스앤젤레스 근교에서 음주 비행을 하다 벽이나 유리창에 부딪혀 죽은 여새(waxwing) 수십 마리가 발견됐다. 새들 배 안에는 아직 소화되지 않은 베리류 열매가 가득했고 간의 알코올 농도는 최고 0.1퍼센트에 이르렀다고 한다. 늦은 겨울에서 이른 봄 사이 너무 익어버린 과일을 먹은 것이 새들을 죽음으로 몰고 간 원인으로 밝혀졌다. 새들이 주식으로 먹는 작은 과일에 효모가 침입하여 알코올을 가득 채웠기 때문이다. 새들뿐만 아니라 과일을 주로 먹는 포유동물도 간혹 알코올에 과다 노출된다는 사실이 세계 곳곳에서 관찰되었다.

2000년 버클리 캘리포니아 대학 로버트 더들리 박사는 과일을 먹는 동물과 알코올 섭취 사이에 상관관계가 있다는 가설을 발표했다. '술 취한 원숭이'라 불리는 이 가설에 따르면 나무에 살던 우리 인류의 조상은 오래전부터 이미 알코올에 노출되기 시작했다고 한다. 열매가 이제 막 발효되기 시작해 소량의 알코올 향을 공기 중에 퍼뜨리는 것은 밝고 붉은 색상과 함께 과일이 제대로 익었다는 확실한 신호가 된다. 따라서 알코올 향에 민감하게 반응하는 동물이 충분한 양의 탄수화물을 보상으로 받을 가능성이 더 커졌다는 것이다.

흥미롭기는 했지만 이 가설은 곧 반격에 휩싸였다. 인류의 영장류 사촌인 원숭이는 과하게 익은 과일을 선호하지 않는 데다 술에 취해서는 나무 위에서 균형을 잡기 어렵다는 점 때문이었다. 즉 술을 마시는 일이 영장류 집단에 뿌리 내리기 어려웠으리라는 반론이 제기된 것이다. 이 말도 이치에 맞는 듯하다. 하지만 인간이 알코올을 분해하는 그럴싸한 효소를 가지고 있다면 상황은 팔팔결 달라질 수 있다.

2014년 산타페 대학의 매슈 캐리건 박사 연구팀은 침팬지와 고릴라 그리고 인간의 조상이 다른 영장류에 비해 알코올을 40배나 빠르게 분해할 수 있다는 연구 결과를 《미국국립과학원회보》에 발표했다. 지금으로부터 약 1,000만 년 전에 알코올을 빠르게 분해할 수 있는 형질이 고등 영장류 집단 내에 퍼져나갔다는 게 이 논문의 결론이었다. 이 결론이 옳다면 일부 영장류 집단에서 알코올 분해효소는 침팬지와 인간의 조상이 나뉘기 한참 전에 자리 잡은 것이다. 따라서 인류의 조상은 알코올을 분해하는 훌륭한 효소를 가졌을 것이다. 하지만 잘 알다시피 현생 인류의 알코올 분해 능력은 매우 뚜렷한 인종 차이를 보인다. 물론 개인차도 심하다. 동아시아인으로서 우리는 이 사실을 경험적으로 잘 안다.

신석기가 도래하기 전인 약 7만 년 전 인도네시아 토바 화산이 폭발하고 화산재가 햇빛을 가리는 화산 겨울이 찾아오면서 인류가 거의 멸종에 이르도록 병목 현상을 겪었다면 알코올 분해 능력의 인종 차이는 최근에 생겼다고 보는 것이 맞을 것이다. 그리고 알코올이 인간 집단 내로 들어온 신석기 혁명 이후에 이런 차이가 두드러졌을 것이다. 인류가 본격적인 농경을 시작하고 잉여 농산물을 확보한 연후에야 비로소 알코올을 제조하게 되었기 때문이다. 알코올 대사 능력의 이런 차이가 생긴 진화적 이유에 대해서 우리는 전혀 짐작도 못하지만 확실히 동아시아인들은 알코올을 잘 분해하지 못한다.

하지만 이 말은 틀렸다. 사실은 그와 정반대이기 때문이다. 숙취의 주범은 알코올 자체가 아니라 그것의 대사체인 알데히드이다. 알데히드는 다시 효소의 도움을 받아 무해한 초산으로 변한다. 결론적으로 말하면 알코올은 두 종류의 효소에 의해 두 단계를 거쳐서 분해된다. 따라서 술을 잘 마시려면 알코올을 초벌 분해하는 속도가 느리거나 아니면 얼굴을 붉히고 뒷골을 잡아당기는 알데히드를 빠르게 분해할 수 있어야 한다. 불행하게도 동아시아인들은 이 두 가지 일을 거꾸로 잘한다. 그들은 알코올을 빠르게 알데히드로 바꾸지만 그것을 초산으로 변화시키는 데는 젬병이다. 바로 이런 이유로 동아시아에는 알코올 중독자가 많지 않다. 숙취가 알코올을 멀리하도록 만들기 때문이다. 하지만 웬일인지 한국의 알코올 소비량은 세계 1, 2위를 다투고 있다.

흔히 우리는 현재 우리가 보고 있는 지구 모습이 아주 오래전에도 그랬으리라 짐작하지만 실은 그렇지 않다. 지구 역사에 비춰보면 나무와 잎 그리고 초식동물이 등장한 지도 그리 오래지 않다. 오늘날 볼 수 있는 여러 잎맥의 형태를 갖춘 최초의 잎은 약 3억 6,000만 년 전, 이를 먹었던 사지동물은 약 3억 년 전에야 지구에 등장했다. 이들에 비하면 과일은 그중에서도 신참이다. 과육에 가득 찬 탄수화물을 한껏 즐긴 동물들은 결과적으로 식물의 씨앗을 널리 퍼뜨리는 일을 도맡게 되었다. 서로에게 도움이 되는 공진화가 진행된 것이다. 백악기를 지나 공룡이 사라진 숲에서 곤충이나 나뭇잎을 먹던 영장류 동물들에게도 마침내 다디단 열매를 먹을 기회가 찾아왔다. 하지만 효모도 이 천금 같은 기회를 놓치지 않았다. 일찌감치 과일에 포진한 효모는 빠르게 탄수화물을 알코올로 바꾼 다음 세균이나 곰팡이가 도저히 자리 잡지 못할 위험한 공간을 조성했다. 알코올 농도가 높은 상황에서 버틸 수 있게 스스로를 무장한 효모는 이제 느긋하게 식사를 즐기면 되었다.

효모와 제휴했다고 보기는 어렵겠지만 인류의 조상은 효모의 발효 산물을 최대한 이용했다. 인류의 조상이 숲에서 드넓은 초원으로 내려오면서 벌어진 일이다. 땅에 떨어져 발효되기 시작한 열매에는 알코올이 들어 있다. 하지만 이미 강력한 알코올 분해효소를 장착한 인류는 과일의 탄수화물과 알코올, 효모까지 한입에 털어 넣고 짧게나마 수확의 기쁨을 누릴 수 있게 되었다. 인류는 알코올을 끓여 순도 높은 술을 만드는 증류(蒸溜) 기술을 발명했다고 스스로 자부하지만 발효는 오롯이 효모의 창작품이다.

술자리에서 잔을 부딪칠 때 한 번쯤은 효모에 대해서도 생각하자. 지구에는 인간 말고도 다재다능한 완전체들이 즐비하다. 그러니 효모를 위해 건배!!

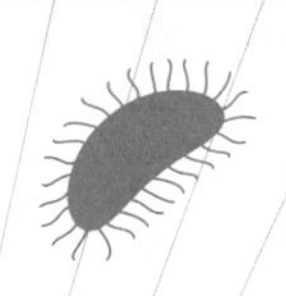

3부

닫힌 지구, 열린 지구
: 식물, 하늘을 향해
대기 속으로

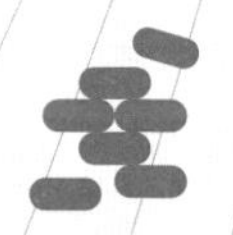

옐로스톤에 늑대가 사라지면 무슨 일이 벌어질까? 한때 쿠바에서 북극까지 분포했다는 늑대는 개척을 외치는 미국인들에게 죽임을 당했다. 최상위 포식자가 사라진 틈을 타서 초식동물의 수가 급증했다. 짐작할 만한 일이다. 초식동물은 나무를 싹쓸이했다. 묘목은 나무로 자라지 못하고 약해진 강둑은 쉽사리 무너졌다. 비버도 나무를 구하지 못해 자신이 기거할 둑을 만들기 어려워졌다. 홍수도 빈번해졌다. 1995년 캐나다에서 생포한 14마리의 늑대가 다시 옐로스톤에 돌아왔다. 25년이 지난 지금 생태학자들은 옐로스톤의 생태계가 성공적으로 회복되었다고 평가했다.

옐로스톤의 늑대는 생태계에서 일어난 작은 변화가 예상할 수 없는 커다란 효과로 돌아올 수 있음을 보여주는 사례이다. 하지만 최초의 조류algae가 육상을 침범한 사건은 지구 역사에서 아예 전례가 없던 푸른 지구를 창조할 토대가 되었다.

식물이 없던 지구를 상상해보라. 강江도, 강둑도, 강둑에 우뚝 선 미루나무도 없던 지구에서 최초로 대기권을 넘본 생명체들이 바로 식물이다. 대기권까지 가지를 뻗고 잎을 매단 식물은 지구 역사에서 본격적으로 외계인 태양에서 에너지를 지구로 송환하기에 이르렀다.

우물 안 격이었던 지구는 이제 태양계를 훌쩍 뛰어 안정적인 생태계를 유지할 거의 영구한 에너지원을 확보한 것이다. 그렇게 식물은 지구와 태양 사이에 길고 커다란 다리를 만들었다. 초식동물은 어린잎을 탐닉했고 나뭇가지에 사는 영장류들은 붉게 익은 과일을 따 먹었다. 높은 곳에 위치한 식물의 잎과 꽃을 점령하려고 곤충과 새는 날개를 만들었다.

태양에 다리를 놓은 식물 덕분에 다양한 지구 생명체는 안정적으로 먹을 것을 확보하였고 진화적 복잡성을 향한 시간을 벌게 된 것이다. 지능이 탄생하는 일도 이젠 단순히 시간문제일 뿐이었다.

잎 없이 꽃을 피운다는 것은

가을 잎이 봄꽃보다 붉다는 한시 구절을 들어가며 사람들은 가을 단풍의 아름다움을 찬탄한다. 여기서 봄꽃은 붉은 매화쯤 될 것이다. 봄의 꽃, 가을의 단풍 둘 다 '붉지만' 쓰임새는 분명 다르다. 매화꽃은 벌을 불러들이지만 가을 단풍은 하릴없이 떨어질 뿐이다. 하지(夏至)를 지나 낮의 길이가 짧아지기 시작하면 활엽수 잎은 푸름을 버릴 채비를 한다. 붉은 잎은 더 이상 광합성을 하지 않겠다는 식물의 결연한 선언에 다름 아니다. 이런 식물의 계절성을 열역학적으로 표현하면 '봄은 가을이 될 수 있지만 그 반대는 결코 일어나지 않는다' 정도가 될 것이다.

가을 햇빛은 화학에너지 형태(탄수화물)로 저장되지 않고 다만 잠시 단풍잎을 따뜻하게 덥힐 뿐이다. 가을은 저절로 봄이 될 수 없다. 잘린 도마뱀 꼬리가 다시 도마뱀이 되지 못하듯이 낙엽이 나무에 달라붙어 푸르게 변하는 일은 절대 일어나지 않는다. 하지만 그사이 나무는 봄을 준비한다. 물론 내년을 모르는 초본 식물은 다음 세대를 싹 틔울 씨앗을 땅에 뿌려야 한다.

봄이 시작되면 날은 한층 온화해진다. 밖으로 나가 주변의 나무를 가까이서 살펴본다. 지난여름에 만들어져 장차 꽃을 피울 꽃눈은 이미 물기를 머금고 있다. 남도의 화신은 도착한 지 벌써 오래다. 헐벗은 나무가 꽃을 피우거나 잎을 내놓는 데는 기온과 낮의 길이가 중요한 역할을 한다. 그러나 더욱 필수적인 것은 다년생 식물이 저장해놓은 탄수화물의 양이다. 지난해 작황이 좋았던 은행나무나 감나무가 올해는 과실의 수를 대폭 줄이지 않던가? 바로 '해거리'라고 불리는 현상이다. 식물이 성장하는 데 필요로 하는 주된 영양소는 탄소와 질소, 그리고 인이다. 질소와 인은 밖에서 들여와야 하지만 탄소는 식물 스스로 만들어낼 수 있다. 바로 광합성을 통해서다. 식물의 잎이 푸른 이유는 광합성 공장인 엽록체(葉綠體)가 말 그대로 푸르기 때문이다. 엽록체는 태양의 빛을 여투어 자기도 쓰고 후대를 위해 저장한다. 덧붙이자면 광합성은 공기 중의 이산화탄소와 뿌리를 통해 확보한 물을 버무려서 탄수화물을 만드는 과정이다.

생명을 유지하는 데 먹을거리가 중요하다는 점은 말할 나위가 없지만 생식에는 특히 더 그러하다. 인간을 포함한 태반포유동물은 엄청난 양의 자원을 할당해서 자신의 유전자를 후대에 전달한다. 산모의 손발톱은 평소보다 더디게 자라고 뇌의 무게도 줄어든다. 자신의 자원을 자식에게 나눠줘야 하기 때문이다. 식물도 생식에 많은 자원을 배분한다. 평생 단 한 번 꽃을 피우는 어떤 대나무는 꽃이 떨어짐과 동시에 생을 마감하기도 한다. 그야말로 자신의 모든 에너지를 쏟아부은 까닭이다.

동물이 그렇듯이 식물도 그 자손이 새로운 개체로 살아남을 확률을 가장 높일 수 있는 쪽으로 자신의 생식 전략을 구사한다. 이른 봄 잎보다 꽃을 먼저 피우는 식물의 경우를 보자. 중국의 한 연구진들은 25년간 기후에 관한 기상청의 자료를 확보한 후 그 데이터를 살구나무의 꽃과 잎이 처음 나오는 시기와 비교했다. 이들이 내린 결론은 살구나무의 꽃과 잎이 낮의 길이에 의존하는 정도가 서로 다르다는 사실이었다. 이른 봄 서둘러 꽃을 먼저 피우는 식물은 태양에서 도달하는 햇빛의 양이 적을지라도 기꺼이 꽃잎을 펼쳤다. 반면 잎은 빛의 양을 좀 더 필요로 했다. 그것이 꽃을 먼저 피우는 식물의 생식 전략이다.

이렇듯 잎보다 꽃을 먼저 피우는 식물은 우리 주변에서 쉽게 찾아볼 수 있다. 매화, 산수유, 진달래, 개나리, 벚꽃, 목련 그리고 과실나무인 살구, 복숭아 등이 그런 예이다. 우리는 이렇게 추론할 수 있다. 남보다 서둘러 한꺼번에 꽃을 피우면 수정을 매개하는 이른 봄날의 곤충을 선점할 수 있다고. 맞는 말이다. 또한 잎이 없기 때문에 꽃가루가 날아가는 데 방해를 덜 받는 이점도 누릴 수 있다.

낮의 길이는 특정 지역에 쏟아지는 태양 에너지의 양으로 환산될 수 있다. 문제는 낮의 길이가 절기와 위도에 따라 달라진다는 점이다.

지표면에 쏟아지는 광자라 불리는 빛 알갱이 100개 중 하나만이 광합성을 하는 데 사용된다고 한다. 나머지는 지구를 덥히거나 하릴없이 사라진다. 그러나 그 하나의 빛 알갱이가 지구 생명체 대부분을 먹여 살린다. 식물을 포함한 지구상의 모든 생명체가 식물이 생산한 먹을거리를 나누어 가져야 한다는 의미이다. 이른 봄이 아닌 여름이나 가을에 꽃을 피우는 식물은 잎이 생산한 탄수화물을 최대한 이용할 수 있다. 그에 비해 봄에 서둘러 꽃을 피우는 나무는 작년에 저장해둔 에너지 말고는 여유가 없다. 그것도 겨울을 나느라 일부 써버렸다.

잎 없이 꽃을 피우는 행위는 자체로 무척 위험한 아름다움이다. 광합성 공장이 없기에 벌에게 제공할 꿀도 많이 만들 수 없다. 하지만 비록 적은 양의 꿀일지라도 벌은 먼 거리 날갯짓을 마다하지 않는다. 바로 이것이 이른 봄 식물과 동물이 춘궁기를 넘기는 방식이다. 이런 '생물학적' 안타까움은 이른 봄에 꽃을 피우는 모든 식물의 공통된 운명이다. 이들은 추위와 낮의 길이를 감지할 수 있는 생체시계(biological clock)를 효율적으로 가동하여 자신의 유전자를 퍼뜨리는 데 최선을 다한다. 지난해에 여투어 두었던 자원을 총동원하면서 잎보다 먼저 꽃을 피운 식물은 봄을 맞이하는(入) 대신 굳건히 세운다(立). 소리 없이 그러나 우쭉우쭉 봄을 세운다(立春).

꽃도 광합성을 한다

삼동 내내 간직해온 열매가 여전히 붉은빛을 띠는 초봄에 산수유는 꽃망울을 틔워낸다. 무채색의 칙칙함을 한방에 날려버리듯 봄꽃은 밝고 화려하다. 이어서 벚꽃도 '복숭아꽃 살구꽃 아기 진달래'도 꽃을 피울 것이다. 남들보다 서둘러 꽃을 피우면 비록 적은 양의 꿀을 제공하더라도 기꺼이 꽃가루를 실어 나를 벌들이 찾아들 것이기에 산수유가 저런 전략을 취했다고 과학자들은 말한다. 잎 없이 열린 공간으로 꽃가루가 바람을 타고 서발막대 거칠 것 없이 날아갈 수 있다는 점도 잎보다 꽃을 먼저 피우는 한 가지 이유일 것이다.

꽃은 대표적인 식물의 생식기관이다. 식물은 몇 가지 방법을 동원해서 생식에 필요한 에너지를 조달한다. 첫 번째는 잎에서 광합성을 진행하는 방법이다. 이는 잎에서 만든 탄수화물로 꽃을 피우고 매개동물을 유인할 꿀을 만드는 일이며 많은 수의 식물이 취하는 보편적인 방식이다. 두 번째는 생식에 들이는 비용을 줄이는 일이다. 지난해 저장해두었던 탄수화물을 꽃 피우는 데 사용하는 산수유나 벚꽃이 이런 전략을 쓴다. 마지막은 생식기관이 직접 광합성을 수행하는 방식이다. 우리가 생각하는 것보다 훨씬 다양한 방식으로 꽃은 광합성에 참여한다. 아마 가장 대표적인 것이 푸른색을 띤 꽃받침일 것이다. 꽃이 지고 열매가 익어갈 때까지 꽃받침은 적극적으로 광합성에 참여하기도 한다. 최근 나는 감을 보관하는 방법에 대해 기술한 호주 농림부의 출판물을 읽다가 매우 흥미로운 사실을 발견했다. 그것은 감의 초록색 꽃받침 네 개를 하나씩 떼가면서 감의 크기가 어떻게 변하는지를 측정한 연구 결과였다. 놀랍게도 네 개 꽃받침을 온전히 가지고 있는 감의 크기가 제일 컸고 꽃받침 수가 줄어들면서 감의 크기는 비례적으로 줄어들었다.

꽃받침 말고 꽃잎, 암술 혹은 수술대와 같은 꽃의 생식 부위에서도 광합성이 진행된다. 자세히 살펴보면 사실 식물의 거의 모든 기관이 많든 적든 탄소를 고정하는 광합성 작업에 나서는 것을 알 수 있다. 익기 전의 과일이나 일년생 풀의 줄기는 말할 것도 없고 심지어 맹그로브라는 식물은 뿌리로도 광합성을 한다. 물론 이파리에 비해 그 효율은 떨어진다. 하지만 아직 여물지 않은 밀의 쭉정이는 단위 면적당 광합성 효율이 잎의 75퍼센트에 이르기도 한다. 이삭의 수를 감안하면 이는 쉽사리 무시하지 못할 양이다.

광합성 전문 기관인 잎은 기공이라는 구멍을 통해 대기 중의 이산화탄소를 받아들인다. 지금처럼 인간의 활동을 통해 대기 중의 이산화탄소 수치가 증가하면 식물은 그 사실을 금방 알아채고 기공의 입구를 좁히거나 그 수를 줄임으로써 광합성 원자재의 양을 일정하게 유지한다. 중국과 영국의 과학자들은 1924년과 1998년에 채취한 은행나무 잎에서 기공의 수가 각각 134개에서 97개로 감소했다는 연구 결과를 미국 식물학 잡지에 발표했다. 잎 뒷면에 있는 기공의 숫자를 세면 식물이 살았던 당시 대기 중에 존재했던 이산화탄소의 양을 간접적으로나마 짐작할 수 있다는 뜻이다. 하지만 식물은 대기가 아닌 다른 곳에서도 탄수화물의 재료인 이산화탄소를 확보할 수 있다.

식물도 동물과 다름없이 자신이 만든 포도당을 사용하여 에너지를 얻고 그 과정에서 이산화탄소를 방출한다. 따라서 광합성을 하지 않는 온대지방의 겨울이나 빛이 없는 깜깜한 밤에는 대기 중 이산화탄소의 양이 약간 증가한다. 전문 광합성 기관이 아닌 줄기나 과일 혹은 꽃받침은 자신들의 날숨에 포함된 이산화탄소의 일부를 여투어 다시 쓰면서 광합성을 수행한다. 이렇게 식물은 따로 기공을 만들지 않으면서도 매우 효과적인 이산화탄소 경제를 운영해 나간다.

동물이나 대부분의 세균은 갖지 못한 엽록체를 구비한 식물이나 조류(algae)가 이 행성에서 진행하는 광합성 과정은 실로 지구 전체를 먹여 살린다. 행성의 바깥에서 도달한 한 방향의 태양 에너지를 지구 생명체가 포획하는 유일한 방법이 광합성인 것은 주지의 사실이다. 외부의 에너지를 지구 안으로 들여오는 통로로서 광합성 생명체들은 든든한 곡물 창고인 셈이지만 실제 이들은 지구에 도달하는 전체 태양 에너지의 1퍼센트도 채 사용하지 못한다. 이 정도만으로도 식물의 생물량은 지구 전체 생명체의 80퍼센트에 육박한다. 2018년 이스라엘 와이즈만연구소와 미국의 칼텍 연구진들은 지구에 사는 생명체 전체의 탄소 무게가 5,500억 톤이고 그중 식물의 무게가 4,500억 톤에 이른다고 추정했고 그 연구 결과를《미국국립과학원회보》에 발표했다.

이 수치는 우리 인류에게 중요한 의미를 갖는다. 전 세계 인구는 약 12년마다 10억 명씩 늘고 있지만 인간의 주요 곡물인 밀과 쌀 생산량이 인구 증가 속도를 따라가지 못하기 때문이다. 그렇기에 과학자들은 태양 에너지를 효율적으로 저장하는 방법을 찾아내는 일이야말로 가까운 인류의 미래를 결정지을 중요한 과제라고 말한다. 식물의 경제 방식을 배우고 효율적으로 운영하는 데 인류의 사활이 걸려 있다는 뜻이다.

이렇듯 식물이 잎뿐만 아니라 여러 기관을 최대한 이용하여 대기권 혹은 자신의 날숨 속에 들어 있는 이산화탄소를 영양소로 변환시키는 과정은 아름답기 그지없다. 특히 인간이 작물화에 성공한 밀과 쌀 같은 곡물의 쭉정이조차 광합성을 한다는 사실은 경탄할 만하다. 식물의 이런 기예를 보고 있으면 생명의 역사에 기여한 인간의 발명품이 알코올을 농축시키거나 끓는점에 따라 석유를 분류하는 '증류' 또는 '바퀴'에 불과하다는 사실에 깊은 자괴감마저 든다.

그러나 인간의 지성이 광합성에 참여하는 분자 기구나 유전적 기초를 비로소 눈치채기 시작했다는 점은 그나마 다행이다. 엽록소를 동물의 세포에 이식하든 식물의 잎이나 뿌리를 흉내 낸 로봇을 제작하든 인류의 운명은 앞으로도 거의 수십억 년 동안 무상으로 제공될 가능성이 큰 저 태양 에너지를 어떻게 다루느냐에 달려 있다.

올해도 여전히 봄은 꽃으로 그득하겠지만 이젠 그 꽃받침에 내려앉는 태양빛마저도 눈여겨보게 된다.

나무는 죽음을 품고 산다

시인 김수영이 노래했듯이 풀은 쉽사리 눕는다. 인간의 경험이 대뇌 피질의 신경세포 시냅스에 각인되어 있는 까닭에 우리는 풀과 나무가 서로 다르다는 것을 안다. 경계가 다소 모호한 대나무(대나무는 볏과의 풀이다)와 담쟁이덩굴(나무다) 같은 식물을 논외로 치면 대부분의 풀은 한 해가 가기 전에 땅 위로 솟아난 부위인 줄기가 죽으면서 사라진다. 죽기 전에 풀은 서둘러 꽃을 피우고 많은 양의 씨를 주변 여기저기 퍼뜨려 놓아야만 다음을 기약할 수 있다. 한 세대가 빠르게 지나가기 때문에 풀의 삶은 간소할 수밖에 없다. 반면 나무는 자신의 내부에 죽음을 안고 살아간다.

풀과 나무는 둘 다 관다발 조직을 갖는다. 물이나 영양분이 들고 나는 통로인 관다발은 물관과 체관으로 구성된다. 뿌리를 통해 흡수된 물과 무기염류는 안쪽의 물관을 지나 잎과 세포에 공급된다. 한편 광합성으로 만들어진 포도당과 탄수화물은 물관의 바깥쪽에 있는 체관을 통해 저장되거나 세포의 에너지원이 된다. 이들 물관과 체관 사이에는 왕성하게 세포 분열을 하는 부름켜가 끼어 있다. 부름켜 세포는 안쪽으로 자라서는 물관을, 밖으로 자라서는 체관을 만들어낸다.

우리가 사는 한반도와 같은 온대지방에서는 부름켜의 활성이 계절에 따라 다르게 나타난다. 그 결과 나이테가 생긴다. 사실 나이테는 물관과 주로 관계가 있다. 봄여름 동안에 빠르게 자란 물관은 상대적으로 옅은 색이지만 가을에 더디게 자란 물관 부위는 짙은 동심원을 그리면서 우리에게 익숙한 나이테의 모습을 드러낸다. 겨울을 지나 봄이 오면 부름켜가 다시 일을 시작한다. 이때 작년에 활동했던 물관은 죽음을 면치 못한다. 하지만 이들은 사라지지 않고 그 자리에 남아 나무의 둥치를 굵게 만든다. 따라서 둥치 굵은 나무의 속은 더 이상 물관의 노릇을 하지 못하고 죽어 있는 셈이다. 이렇게 맨 바깥쪽 물관만 살아 있는 나무는 뿌리에서 흡수한 물을 잎으로 보내 광합성에 사용하게 한다. 2월 말에서 3월 초 고로쇠나무 수액을 받을 때 나무 표면에서 구멍의 깊이가 약 2센티미터 정도밖에 되지 않는 것을 보아도 나무의 이런 해부학을 짐작할 수 있다.

반면 부름켜의 바깥 부위인 체관은 세월이 지남에 따라 밖으로 밀려나 수피로 변하면서 최종적으로 인간의 피부처럼 떨어져 나간다. 비가 오고 바람이 세차게 분 다음 날 나무 둥치 아래를 한번 살펴보라. 나무껍질이 우수수 떨어져 있는 것을 확인할 수 있을 것이다.

이렇게 한때 물관이었다가 지금은 나무를 지탱하는 가운데 부위(심재)의 튼실함 덕에 높이 자라난 나무는 광합성을 왕성하게 수행하며 생태계에서 유리한 지위를 차지했다. 관다발 조직을 가진 식물은 4억 2,000만 년 전인 고생대 중기의 데본기에 양치류 형태로 엄청나게 번성했다. 수십 미터에 이르는 인목(鱗木)과 나무고사리 등이 지구 표면을 수놓았다. 이때 지구는 대륙이 한데 모여 있었던 판게아 시절이었고 습지가 많았다. 이 습지에 쓰러진 거대한 나무고사리와 인목이 퇴적되면서 다량의 석탄이 만들어지게 된다. 바야흐로 석탄기가 시작된 것이다.

미국 지질학회에서는 석탄기를 전기인 미시시피기와 후기 펜실베이니아기로 나누어 구분한다. 지금도 미국 펜실베이니아주에서는 집의 지하에서 석탄이 나오면 주정부에 양도하겠다는 서류에 서명해야 집을 살 수 있다. 석탄이 매장되어 있을 확률이 높다고 판단한 까닭이다. 광범위하게 석탄이 매장되기 위해서는 지질학뿐만 아니라 화학도 가세해야 했다. 나무의 목질소라고 불리는 리그닌이 진화한 것이다. 나무의 목질을 구성하는 세포벽은 포도당 다당류인 셀룰로오스와 방향족 수산화물의 중합체인 리그닌으로 구성되어 있다. 석탄기에는 이들 고분자 화합물을 분해할 수 있는 생태계가 아직 조성되지 않은 데다가 뿌리가 약한 양치류가 퇴적될 수 있는 지질학적 교란도 흔하게 일어났기 때문에 광합성 과정에서 합성된 탄수화물이 이산화탄소로 연소되지 않고 고스란히 땅에 묻혔다. 그렇기에 석탄은 한때 지상의 삶을 영위했던 고대 식물의 아바타이며 그 주성분

석탄은 한때 지상의 삶을 영위했던 고대 식물의 아바타다.
단 1그램의 산소도 만들지 못하는 인류는 수억 년 전의
과거 식물을 빠른 속도로 소모하고 있다.

은 탄소이다.

하지만 고생대 이후부터는 나무의 고분자 물질을 분해할 수 있는 세균과 곰팡이, 곤충 등이 차근차근 진화해 나오면서 지구는 고생대 석탄기처럼 본격적으로 탄소가 매장될 기회를 다시는 얻지 못했다. 탄소가 산소와 반응하여 이산화탄소로 또 그 역순으로 순환되는 체계가 점차 균형을 잡아가기 시작한 것이다. 그러므로 오늘날 우리가 쓰는 화석 연료인 석탄은 석탄기에 거의 유일하게 다량으로 매장되었다고 볼 수 있다. 석탄은 땅속 깊은 곳에 퇴적된 채 수억 년의 세월을 보낸 뒤에야 비로소 근대 산업혁명의 불씨가 되었다. 고생대 페름기 이후 축적되었다는 석유도 이 흐름에 가세했다.

4차 산업혁명이 세간의 화두인 현재 우리는 화석연료가 고갈된 이후의 세상에 대해 다시 고민한다. 그러나 인류가 현재의 삶의 방식을 지속한다면 우리에게 답은 많지 않다. 인류의 가장 위대한 발명품이라는 바퀴를 무려 네 개나 가진 승용차로 서울에서 부산을 왕복할 때 우리는 약 80킬로그램의 이산화탄소를 대기권에 보탠다. 하지만 그 동안 자동차는 단 1그램의 산소도 만들지 못한다. 다만 과거에 쓰지 않았던 산소를 매우 빠른 속도로 소모할 뿐이다. 『탄소의 시대』 저자 에릭 로스턴은 연비 좋은 차로 수원과 서울을 왕복할 정도인 약 4리터 정도의 석유가 과거 식물 90여 톤에 해당한다고 일갈했다.

정온식물

어릴 적 과히 정갈하지 않은 이발소에서 머리를 깎다가 곰팡이에 된서리를 맞은 적이 있었다. 두피에 마늘즙이나 식초를 바른다거나 백열전등으로 지진다거나 하는 민간요법을 동원해 보았지만 곰팡이는 쉽사리 떨어지지 않았다. 내 기억에 곰팡이는 '강한 적'이었다. 지구상에는 약 150만 종의 곰팡이가 있다고 한다. 엄청난 숫자다. 그중 식물에 쉽게 침입하는 곰팡이는 27만 종, 곤충에는 5만 종 정도가 있다고 한다. 반면 포유동물에 질병을 일으키는 곰팡이의 숫자는 수백 종에 불과하다. 인간 입장에서 보면 다행스러운 일이기는 하지만 그런 차이는 왜 생겨났을까?

우선 쉽게 면역계를 그 원인으로 떠올릴 수 있다. 하지만 면역계 외에도 포유동물은 곰팡이와 맞설 그럴싸한 나름의 전략을 수립했다. 바로 체온을 올리는 일이었다. 뉴욕 앨버트 아인슈타인 대학 알투로 카사데발 교수는 포유류가 섭씨 30~40도 사이에서 체온을 1도씩 올릴 때마다 곰팡이의 침입을 6퍼센트씩 저지할 수 있다는 연구 결과를 발표했다. 이렇듯 체온을 일정하게 유지하는 일은 에너지 예산 면에서 보자면 꽤나 소비적이지만 최소한 곰팡이를 퇴치하는 데는 안성맞춤의 전략이라고 볼 수 있다.

그러면 곰팡이 퇴치 외에 정온성의 다른 이점은 없을까? 캘리포니아 대학 앨버트 베넷과 오리건 대학 존 루벤은 정온동물과 변온동물의 가장 큰 차이가 지구력에 있다고 보았다. 먹이를 쫓아가는 사자와 물속에서 눈만 내놓고 먹잇감이 다가오기를 기다리는 악어의 모습을 비교해보면 그 차이가 이해될 것이다. 인간을 비롯한 포유동물과 닭 따위의 조류는 체온을 일정하게 유지하는 정온동물로 자신을 무장함으로써 살아가는 장소를 추운 곳까지 확장하고 근육을 빠르게 움직여 먹이를 획득할 수 있게 되었다. 온도가 10도 올라갈 때 근육의 움직임이나 효소의 활성이 두 배로 증가한다는 점은 잘 알려진 생리학 법칙이다. 물론 50도를 넘어가면 세포 일꾼인 단백질의 변성이 시작되므로 정온동물의 체온은 40도 근처에서 최적화된다. 근육에는 이동하는 데 쓰이는 가로무늬근도 있지만 소화기관이나 혈관을 움직이는 민무늬근도 있다.

정온성을 가진 생명체는 밤낮 할 것 없이 심장, 간을 포함한 소화기관 및 콩팥의 기능을 완벽하게 유지한다. 심장이 혈액을 머리끝에서 발끝까지 빠른 속도로 운반하는 동안 콩팥은 질소 노폐물을 몸 밖으로 신속하게 내보낸다. 흡수를 마친 소화기관은 간으로 영양소를 빠짐없이 보낸다. 정온동물 신체 기관의 이런 여러 장점들을 한데 모아보면 모든 생명체의 궁극적인 목표는 바로 정온성에 있어야 할 것 같은 느낌마저 든다. 하지만 정온성을 선택한 동물은 전체 동물 중 극히 일부에 지나지 않는다. 전체 150만 중에 조류 9,000종, 포유동물 4,500종을 제외한 나머지 99.9퍼센트의 동물은 주변 환경에 따라 체온이 변하는 변온성을 채택했다.

이렇게 보면 정온성은 생명체 진화 전 과정에서 극히 예외적인 드라마에 속한다. 그렇다면 일부 동물계에서 정온성은 어떻게 자리 잡게 되었을까? 과연 파충류인 공룡의 피는 차갑기만 했을까? 공룡을 연구한 최근 결과를 보면 그렇지 않을 수도 있겠다는 생각이 든다. 가장 큰 육상동물이었던 용각류(sauropod) 공룡은 풀을 먹었다고 한다. 초식동물들이 흔히 겪는 문제는 탄소에 비해 질소의 섭취량이 적다는 점이다. 살아가는 데 필요한 충분한 양의 질소를 섭취하려면 동물은 상대적으로 탄소가 풍부한 풀을 많이 먹어야 한다. 잠을 줄이면서까지 풀을 먹은 결과 동물의 몸에는 탄소가 과도하게 축적되었다. 이 축적된 탄소를 처리하기 위해 공룡들이 취한 방식은 두 가지였는데 그 하나는 몸집을 키우는 것이었고 다른 하나는 탄소를 태워서 열로 내보내는 것이었다. 이와 같은 연구를 주도한 리버풀의 존 무어스 대학 데이비드 M. 윌킨슨 박사는 체중에 비해 표면적이 상대적으로 넓은 몸집의 공룡 새끼들이 열을 내면서 탄소를 처리했다면 생존에 상당히 유리한 고지를 점했을 것이라고 말했다.

또한 동일한 방식으로 탄소를 태워 열을 내는 대사 체계가 야행성 포유류에서도 시작되었으리라고 과학자들은 짐작한다. 우리는 정온성이 포유동물과 조류(birds)에 국한해서 진화되었다고 생각하곤 하지만 생애 어느 순간 잠깐이라도 체온을 일정하게 유지하는 생명체들은 우리가 생각하는 것보다 훨씬 많다. 어류 쪽으로 눈길을 돌리면 참치, 황새치, 악상어가 열을 내면서 빠르게 몸을 움직이고 눈 주변의 근육을 움직여 먹잇감을 정확히 포착한다. 비단뱀도 알을 낳고 부화하는 동안 몸의 열을 내 자신의 분신을 보호하려 든다. 심지어 식물도 생식하는 동안 에너지를 써서 열을 낸다. 바로 수분에 참여할 곤충들을 끌어들이기 위한 '손난로' 전략이다. 딱정벌레는 온도가 40도가 넘는 천남성과 식물들의 꽃을 그냥 지나치지 않는다. 씨를 성숙시키기 위해 연꽃도 열을 낸다.

아직 눈이 쌓인 초봄에 산길을 걷다 보면 숲속 그늘 낮은 자리에서 복수초(福壽草) 노란 꽃과 마주친다. 아주 드물게는 변산바람꽃이 열을 내 눈을 녹이고 안온하게 자리 잡은 모습도 볼 수 있다. 남들보다 일찍 수분을 마치고 씨를 만들어 살아남기 위한 안간힘을 보고 우리는 아름답다고 말한다. 하루 꼬박 세 끼를 먹고 100년을 향해 산다고 하는 인간은 무슨 아름다움을 바라며 하루 종일 열을 낼까?

한국의 봄날, 숲과 아스팔트 틈새에서는 쑥이며 민들레, 앉은뱅이 풀들이 앞다투어 돋을새김으로 고개를 내민다.

도토리

속썩은풀이라고도 불리는 여러해살이 식물인 황금(黃芩)의 학명은 스쿠텔라리아 바이칼렌시스(*Scutellaria baicalensis*)다. 이 식물은 햇빛을 차단하는 화합물인 바이칼린(baicalin)을 만든다. 화학적으로 플라보노이드 계열의 물질인 바이칼린을 발음하는 순간 나는 한 번도 가보지 못한 러시아의 바이칼 호숫가, 거대한 평원에서 거침없이 쏟아지는 태양빛을 온몸으로 마주하는 자그마한 풀을 떠올린다.

파도에 실려 육상에 처음 들어왔던 식물의 조상들은 물속에서는 마주하지 못했던 과도한 양의 자외선에 대항해 스스로를 지켜야 했을 것이다. 그 결과 항산화제 화합물인 플라보노이드가 만들어졌다. 현존하는 육상 식물 대부분은 많든 적든 플라보노이드 화합물을 만든다. 너무 강한 햇빛은 식물 세포 내부의 유전 정보인 DNA나 효소 단백질을 손상시킬 수 있기 때문이다.

약 3억 6,000만 년 전 데본기 후반 혹은 석탄기 초기에 식물들은 플라보노이드를 만드는 생합성 경로를 바꾸어 지금껏 지구상에 존재하지 않았던 두 종류 화합물을 만들기에 이르렀다. 그중 하나는 리그닌(lignin)이다. 리그닌은 일종의 접착제라고 보면 된다. 이들은 탄수화물 덩어리인 셀룰로오스를 붙잡아 강력한 세포벽을 만들었다. 그 강인한 화합물 덕에 나무고사리 등 양치류 식물은 곧추서서 태양을 향해 잎을 뻗어 올렸다. 급기야 이 나무들은 30미터 넘게 자라났다. 하지만 리그닌이라는 화합물을 분해할 수 있는 세균이 아직 진화하지 못한 데다 뿌리마저 약했던 이들 양치식물은 분해되지 못한 채 땅속에 모두 묻혀버렸다. 먼 훗날 석탄으로 환생한 이 나무들은 현재 대기권으로 이산화탄소를 빠르게 돌려보내고 있다.

다른 한 종류의 화합물은 타닌(tannin)이라고 부른다. 앞에서 언급한 플라보노이드 혹은 탄수화물을 구심점으로 삼아 분자량이 500에서 2만 돌턴에 이르는 거대한 화합물이 만들어졌다. 리그닌처럼 타닌도 주로 나무에 존재한다. 떫은 감, 밤 껍질 혹은 차에 풍부하게 들어 있다. 바나나 껍질에도 많이 들어 있다고 한다. 리그닌이 나무를 서 있게 했다면 타닌은 초식동물이나 그 밖의 곤충 혹은 곰팡이나 세균의 접근을 막는 일종의 기피제(deterrent) 역할을 했다. 타닌이 쓴 맛을 내기 때문이다.

화합물 안에 존재하는 많은 페놀기가 단백질이나 물과 강하게 결합할 수 있기 때문에 타닌은 수렴성이 있다고 말한다. 도토리를 먹은 말이 갑자기 죽거나 감을 먹은 다음 날 배변이 힘든 이유는 동일하다. 이 화합물이 대장에서 물을 격리시켜 변을 굳게 하기 때문이다.

그러나 화학적으로 쓴맛은 식물을 먹잇감으로 삼는 모든 생명체에게 잠시도 긴장을 늦추지 못하게 만든다. 자연계에서 쓴맛은 곧 독성이 있다는 신호로 해석된다. 그래서 물고기와 같은 경골어류 또는 척추동물이 쓴맛을 감지하는 수용체 단백질을 가지고 있다는 점은 충분히 이해가 된다. 유충일 때 풀을 뜯어 먹어야 하는 곤충도 쓴맛을 감지하는 단백질을 갖고 있다. 재미있는 사실은 감각기관이 아닌 우리 인간의 기도에서도 쓴맛 수용체가 발견된다는 점이다. 쓴맛 수용체 단백질이 공기 중으로 들어가는 먼지나 미세플라스틱 입자를 쓴맛으로 느낄지도 모르겠다.

맛에 관한 한 인간은 다소 가학적인 데가 있다. 매운 것도 쓴 것도 기꺼이 먹는다. 한방에서 쓴맛은 건위(健胃) 효과를 갖는다고 한다. 위를 건강하게 한다는 의미와 쓴맛이 합쳐져서 고미 건위제라는 말이 등장했다. 얼마 전 식당에 갔다가 돼지가 타닌이 풍부한 도토리를 먹는다는 얘기를 들었다. 스페인과 포르투갈이 있는 이베리아 반도에서는 도토리를 먹도록 돼지를 방목해서 키우기 때문에 고기 맛이 좋다는 논조였다. 이들 돼지의 근육질 사이에 지방의 함량이 높다는 논문도 찾아 읽었다. 타닌 말고도 도토리에는 탄수화물과 지방이 풍부하다. 아마 도토리에 풍부한 지방이 돼지의 육질을 부드럽게 하는 데 한몫했을 것이다. 하지만 저 돼지는 쓰디쓴 타닌을 어떻게 처리했을까? 논문에 따르면 다른 종류의 풀과 함께 먹어 돼지가 타닌의 쓰고 수렴성이 있는 특성을 완화시켰다고 한다.

이베리아 반도의 돼지 말고 인간도 도토리를 먹는다. 다람쥐들도 습한 땅속에 도토리를 묻어 쓴맛을 줄인 다음 나중에 그것을 찾아 먹는다고 한다. 도토리의 영어 표기 acorn은 oak(신갈나무)와 corn(낟알)의 합성어다. 신갈나무는 소나무와 함께 우리 한반도에서 흔히 볼 수 있는 나무다. 전 세계적으로 북반구 온대지방에 넓게 퍼져 있다. 『신갈나무』라는 책을 쓴 윌리엄 로건은 신갈나무와 초기 인류의 정착지가 '거의 일치한다'고 해석했다. 쉽게 말하면 도토리가 초기 인류의 중요한 식량원이었다는 뜻이다. 그렇지만 다른 곡물이 이를 대체하면서 지금은 에너지 공급원으로서 도토리의 중요성은 현저하게 줄었다. 유럽인들이 들어오기 전 캘리포니아 지역에 살던 아메리카 원주민들은 도토리를 저장하고 가루를 내어 식량으로 사용했다는 기록이 남아 있다. 이들도 우리처럼 여러 번 물에 우려내 도토리의 붉은 빛 타닌을 제거했다.

여름날 창밖으로 보이는 신갈나무가 올곧다. 가을이면 허리를 굽힌 사람들이 검은 봉지 안에 도토리 열매를 주워 모을 게다. 추운 날 배고픈 멧돼지는 인간의 마을로 내려온다.

• • •

2019년 《식물 생리학》 저널에 실린 광합성 단계를 정리한 그림에

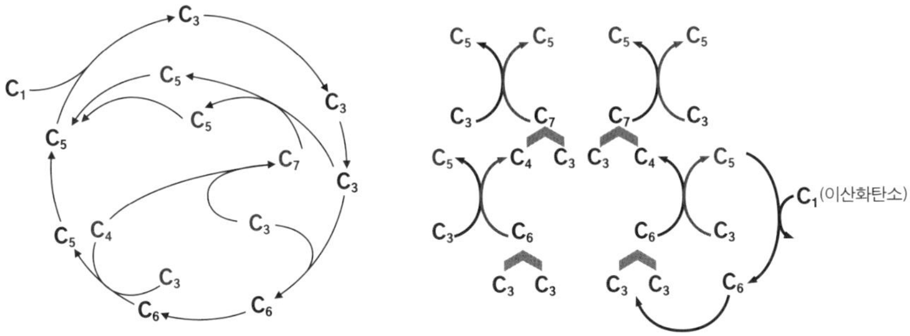

《식물 생리학》, 182, 507-517 (2019)

광합성 암반응 모식도 광합성은 식물이 빛을 이용해 이산화탄소를 포도당으로 전환시키는 반응이다. 여섯 분자의 탄소를 동화(assimilation)한다는 의미를 담아 광합성을 탄소동화작용이라고도 부른다. 이산화탄소를 고정하기 위한 기본 재료를 식물은 스스로 만든다. 편의상 우리는 그 단계를 명반응이라고 부른다. 빛이 필요하기 때문이다. 식물은 햇볕으로 물을 깨서 고에너지 전자를 얻고 에너지원인 3인산 아데노신(ATP)을 확보한다. 생화학적으로 눈에 잘 띄지는 않는다 해도 전자와 ATP는 이산화탄소를 포도당으로 변환할 때 일등공신이다. 이 과정은 빛이 필요하지 않아 암반응이라고 부른다. 암반응 두 가지 경로로 구분된다. 그 하나는 포도당을 만드는 경로이다. 다른 한 가지는 이산화탄소를 영접하기 위해 탄소 5개짜리 리불로스(ribulose) 화합물을 끊임없이 재충전하는 경로이다. 리불로스를 재충전하는 과정은 끊임없이 자신을 재생산하는 회로(cycle)이다. 따라서 이 회로는 활성초산을 분해하기 위해 끊임없이 탄소 4개짜리 화합물을 재충전하는 미토콘드리아의 구연산회로와 생화학적으로 동등한 지위를 갖는다.

그림의 모식도는 주로 리불로스를 재충전하는 과정을 숫자로 표현한 것이다. 물론 생물학 교과서에서는 주로 화합물의 이름을 사용한다. 하지만 본질적으로 다를 바 없다. 1) 지구상에서 가장 풍부한 단백질 중 하나인 루비스코(rubisco)는 공기 중의 이산화탄소(C_1)를 리불로스 2인산과 결합시켜 탄소 6개짜리 화합물을 만든다. 이 화합물은 즉시 탄소 3개짜리 화합물로 분해된다. 이런 반응이 반복되면서 총 6분자의 이산화탄소는 12분자의 C_3 화합물로 변환된다. 2) 그중 두 개는 포도당(C_6)으로 변하고 나머지 10개의 C_3 화합물은 여섯 분자의 C_5 화합물로 변하면서 여섯 분자의 이산화탄소를 맞이할 준비를 마친다.

서 C는 탄소를 의미하고 그 옆의 숫자는 탄소의 개수다. 이런 표현 방식을 고수하면 단당류인 포도당은 과당과 차이가 없이 C_6으로 쓸 수 있게 된다. 식물은 C_5 화합물을 써서 공기 중의 이산화탄소(C_1)를 포획한다. 광합성의 첫 단계다. 그다음은 C_6을 즉시 절반으로 나눈다. 그 결과 C_3 분자가 두 개 생기는 것이다. 이런 과정을 여섯 차례 반복하면 12분자의 C_3 화합물이 생긴다. 이들 중 두 개를 골라 포도당을 만들고 나머지 10개는 다시 이산화탄소를 붙들 여섯 개의 C_5 화합물을 재충전하는 데 사용한다. 다시 여섯 분자의 이산화탄소를 고정하는 사이클이 반복되는 것이다.

광합성을 포괄하는 탄수화물 대사를 바탕으로 식물은 아미노산과 지방산도 만들어낸다. 생존에 필요한 가장 기본적인 과정을 담당하는 대사 화합물은 짐작하다시피 일차 대사산물이라고 칭한다. 붙박이 식물은 초식동물을 쫓거나 꽃가루받이를 도와줄 동물을 끌어들이기 위해 다양한 종류의 화합물을 만들어낸다. 이들 화합물은 기본적으로 일차 대사산물에서 차출되지만 필요한 경우에만 만든다는 의미를 담아 이차 대사산물이라고 부른다.

참고로 앞의 그림에서 C_4는 바이칼린이라는 플라보노이드 화합물을 만드는 기본 재료다. 햇볕이 따가울 때 만들어져서 자외선으로부터 식물 세포를 보호하는 역할을 하는 물질이다. 질소를 함유하는 아미노산은 식물이 쓴맛을 내는 알칼로이드 화합물을 만드는 데 사용된다. C_5 화합물을 기본단위로 만든 화합물 집단은 통틀어서 테르페노이드(terpenoid)라고 한다. 소나무의 고유한 향이나 은행잎의 징코라이드(ginkgolide), 세포막의 구성 성분인 콜레스테롤, 당근과 치자 열매 등에 많이 함유되어 있는 카로틴은 화학적으로 모두 테르페노이드 소속이다.

유기체들이 화합물을 만드는 방식은 기본적으로 동일하다. 주변에서 활용 가능한 화합물 여러 개를 덧대 붙여 만드는 것이다. 스무 종류의 아미노산을 붙여서 단백질을 만드는 작업이 가장 대표적인 예이다. 벽돌을 이리저리 쌓아 집을 짓는 일에 빗대어 이들 기본 재료 화합물을 빌딩 블록(building block)이라고 부른다는 것도 익히 짐작이 가능할 것이다.

단풍이 붉은 이유

단풍잎이 발치 앞에 떨어지는 시기다. 고개를 들면 단풍의 붉은 빛이 눈으로 풍덩 뛰어드는 것 같다. 여름이 제아무리 극성을 부려도 가을은 온다. 하지(夏至)를 지나면서 점점 줄어든 낮의 길이는 9월 하순 추분(秋分)을 거치면서 하루 12시간 아래로 줄어든다. 봄의 꽃소식은 북상하지만 가을의 단풍 소식은 남하한다. 이런 현상을 보면서 우리는 꽃을 피우고 낙엽을 떨구는 식물의 행동이 빛과 관련이 있으리라 추측한다.

사계절이 뚜렷한 북반구 온대지방에 사는 덕택에 우리는 내장산의 붉은 단풍을 보며 '상엽(霜葉)이 이월 꽃보다 붉다'는 경탄 섞인 호들갑을 떨지만 푸른 잎을 단 채 겨울을 나는 동백이나 사철나무가 건재하는 것도 사실이다. 그렇다면 상록수는 아예 잎을 떨어뜨리지 않는 것일까? 아니다. 우리는 경험으로 동백잎이 지고 상록침엽수가 솔가리를 수북이 떨군다는 사실을 안다. 정확히 말하면 상록수는 잎의 수명이 상대적으로 긴 식물을 일컫는 말이다. 식물학자들은 상록수 잎의 수명은 1년에서 4년 정도지만 40년이 넘는 나무도 있다고 말한다. 그러나 낙엽수는 매년 가을이 깊어가면 잎을 떨어뜨리고 봄이 오면 한꺼번에 푸른 성세를 회복해 우리의 눈을 휘둥그레지게 한다.

온대지방에 가을이 오면 낙엽수는 딜레마에 빠진다. 아직 낮의 햇볕은 광합성을 시도하기에 충분하지만 밤에 맞닥뜨리는 낮은 온도가 문제가 되기 때문이다. 주변 온도가 낮아짐에 따라 광합성 산물인 탄수화물과 영양소를 운반하는 체관의 구조가 변하면서 전체적으로 운반 효율이 떨어진다. 그에 따라 잎에서는 여름내 왕성하던 광합성 공장의 생산성이 줄어들고 식물의 세포들은 엽록소를 분해하기 시작한다. 그와 동시에 내년 봄에 싹 틔울 이파리들이 사용할 모든 물질을 회수하여 보관하여야 한다.

잎이 넓은 활엽수들과는 달리 바늘처럼 촘촘한 잎을 가진 침엽수들은 겨울에도 여건이 허락하면 광합성을 시도한다. 삼동의 대낮, 양지바른 곳에 도달하는 적은 양의 햇빛일망정 허투루 대하지 않으려는 침엽수의 생존 전략이다. 그러나 땅속의 물이 얼어 있다면 엽록소를 푸르게 유지하는 일은 도로아미타불이 될 것이다. 겨울일지라도 소나무 둥치에는 물이 얼지 않은 채로 보관되어 있어야 필요할 때 사용할 수 있을 것이다.

그렇다면 낙엽수들은 어떨까? 낙엽수들도 겨울에 물을 얼지 않게 저장할 나름의 묘책이 있는 것 같다. 늦겨울부터 이른 봄까지 사탕단풍나무에서 채취한다는 메이플 시럽이나 뼈에 좋다는 고로쇠(骨

利樹) 수액이 바로 그 예이다. 식물의 부동액으로는 설탕이 대표적이다. 30~40살 먹은 사탕단풍 한 그루에서 채취한 하루 10리터 이상의 수액을 뭉근한 불로 고면 우리 조청처럼 그야말로 설탕 덩어리가 된다. 공교롭게도 메이플이나 고로쇠는 단풍나무과에 속한다. 그렇다면 당이 풍부한 단풍나무는 어떻게 그렇게 붉은 자태를 뽐낼 수 있게 되었을까?

엽록소가 활발하게 광합성을 수행할 때 이파리는 초록색이다. 눈에 보이는 가시광선 중에서 초록색 파장의 빛을 반사하기 때문에 나뭇잎은 온통 푸르다. 따라서 광합성에 사용되는 색소는 적색이나 청색 파장의 빛을 흡수하리라 추측할 수 있다. 가을이 되어 빛의 양이 줄고 밤의 온도가 내려가면 나무는 광합성 생산 기지를 서서히 닫기 시작한다. 잎자루 끝에 코르크 떨켜가 생기면 잎에서 만든 탄수화물이 줄기로 이동하지 못하고 반대로 물과 무기염류가 잎으로 도달하지 못하게 된다. 할 일이 줄어든 엽록소가 분해되기 시작하면 그동안 녹색에 가려졌던 나무 안의 색소들이 모습을 드러낸다. 은행잎의 노란빛은 크산토필이라는 물질의 색이다. 광합성에 참여하던 카로틴도 주황색 색상을 뽐낸다. 이렇게 색상의 변화는 서서히 진행된다.

하지만 짧아진 낮의 길이에 반응하는 생체시계를 작동하면서 붉은빛을 띠는 안토시아닌을 적극적으로 만들어내는 식물도 있다. 단풍이나 떡갈나무가 그런 나무들이다. 안토시아닌은 포도당의 분해

산물을 빌딩 블록 삼아 만들어진다. 가을날 낮에 만들어졌지만 아직 잎에 남아 있는 탄수화물이 안토시아닌의 재료라는 뜻이다.

사실 단풍에서만 안토시아닌이 발견되는 것은 아니다. 꽃이나 식물의 어린줄기에서도 붉은 안토시아닌 색소가 발견된다. 이파리가 넓은 여름날 수국 꽃의 색깔을 결정하는 것도 안토시아닌 색소이다. 하지만 수국 꽃이 항상 붉지는 않다. 액포에 녹아 있는 안토시아닌의 색이 물의 산성도에 따라 달라지기 때문이다. 산성이면 푸른색이고 중성이나 염기성이면 붉거나 보랏빛 색조를 띤다. 수국이 자리 잡은 토양의 산성도가 꽃 색깔을 결정하는 것이다.

한편 안토시아닌의 역할에 대해서는 여러 가지 가설이 있다. 가을날 효율이 떨어진 광합성에 어설프게 가담하는 엽록소가 만드는 활성산소로부터 세포를 보호하기 위해 안토시아닌이 만들어지는 게 아니냐는 가설을 주장하는 식물 생리학자들도 많다. 어떤 과학자들은 식물이 진드기와 같은 초식 곤충을 기피하기 위해 안토시아닌 합성 메커니즘을 발전시켰다고도 말한다.

안토시아닌의 합성은 낮의 길이에 좌우된다. 밤의 기온이 서서히 내려가지만 아직 얼지는 않고 건조한 북반구 온대지방의 단풍이 각별히 수려하다. 식물이건 동물이건 낮의 길이를 감지하는 일은 생명체의 생존에 지극히 중요하다. 낮의 길이가 줄어들면서 온도가 내려갈 때 동면(冬眠)을 준비하는 다람쥐나 북극곰의 전략은 낙엽수의 그것과 흡사하다고 볼 수 있다.

따라서 '빛이 어둠에 비치되' 생체시계가 이를 깨닫지 못하면 동물과 식물은 물론이고 세균조차도 살기가 힘들어진다.

밤에는 잠을 충분히 자되 먹지 말라는 게 그 생체시계가 전하는 메시지다. 가을이 깊어가고 있다.

사과의 씨앗이 이야기하는 것

오늘 아침 나는 90그램의 쌀에 적당량의 물과 불을 가해 이빨과 턱의 부담을 한껏 줄일 수 있게 조리된 한 공기의 밥을 먹었다. 얼추 210그램에 해당하는 양이다. 그 뒤 입가심으로 사과 두어 쪽을 먹었다. 배안에서 소화 과정을 거친 쌀이 되살아나 싹을 틔울 가망은 전혀 없겠지만 사과의 씨앗은 다른 길을 갈 수도 있다. 사과는 씨앗을 보존하기 위해 달고 상큼한 과일에 투자하는 전략을 택했기 때문이다. 대도시에 사는 대부분의 사람들은 본디 '과일이 의도하는 바'를 가볍게 무시하면서 재활용봉투에 담아 씨앗을 내버린다. 하지만 여전히 나무 위에서 과일을 따 먹었던 먼 과거 조상들의 행적을 잊지 않고 자주 과일 진열대로 모여든다.

우리가 주변에서 보는 과일은 그 크기와 형태 및 색깔이 제각각이다. 그러나 과일의 다양성이 어떻게 생기고 유지되었는지는 잘 알려지지 않았다. 2010년 플로리다 대학의 실비아 로마스콜로 박사는 씨앗을 퍼뜨리는 매개 동물에 의해 무화과(fig)의 다양성이 결정된다는 논문을《미국국립과학원회보》에 게재했다. 열대우림에 사는 약 90퍼센트의 나무는 씨앗을 퍼뜨리기 위해 숲속의 동물들에게 과일을 제공한다. 사계절이 뚜렷한 온대지방에서도 과일을 맺는 나무를 쉽게 관찰할 수 있다. 잔설 뒤로 알알이 붉은 산수유와 겨울날에 까치밥으로 남겨둔 감나무 홍시를 보자. 달고 영양가 높은 과일을 먹은 동물들은 변을 통해 기꺼이 씨앗을 널리 퍼뜨린다. 생태학자들이 공진화(co-evolution)라 칭하는 현상이다. 이는 자신의 씨를 전파하는 매개동물이 좋아할 만한 몇 가지 특성을 과일이 갖추고 있다는 뜻이다. 예를 들어 박쥐가 씨앗을 퍼뜨리는 파푸아뉴기니의 무화과는 새들에게 의존하는 무화과에 비해 향기 나는 물질을 훨씬 더 많이 만들어낸다고 한다.

도대체 무슨 일이 벌어졌는지 잠시 더 살펴보자. 후각도 시원찮은 데다 전반적으로 부리가 작고 이빨도 없지만, 새들은 매우 훌륭한 시각을 가지고 있다. 빨강, 초록, 파랑의 세 가지 색을 혼합해 색상을 감지하는 삼색각(三色覺) 인간이나 아프리카 유인원보다 새들은 한 가지 색상을 더 구분하고 느낄 수 있다고 한다. 그러므로 어떤 과일이 익었는지 판단하기 위해 새들이 시각을 선호할 것은 불 보듯이 뻔한 일이다. 이런 상황에서 과일은 과연 어떤 성질을 지녀야 할까? 작고 부드러운 데다 붉거나 검은색으로 치장해 과일이 주변의 배경색에 비해 도드라져 보이면 좋을 것이다. 향기는 그리 중요하지 않으리라 짐작할 수 있고 실제로도 그랬다.

일찍이 육상으로 진출한 식물의 조상들은 가뭄과
추위로부터 벗어나 번식하기 위해 씨앗을 발명했다.
그 뒤 식물은 씨를 퍼뜨리는 보다 적극적인 방법으로 과일을 발명한다.
나무는 숲속의 새와 동물들에게 과일을 제공하고,
과일을 먹는 동물들은 씨를 더 멀리까지 퍼뜨린다.
이것은 식물, 동물, 미생물이 함께 펼치는 '공진화共進化'의 현장이다.

새처럼 날개를 가졌지만 이빨을 가진 포유류 박쥐는 과일을 조각내어 씹어 먹을 수 있다. 게다가 야행성이라 밤에만 활동한다. 시각 장치에 대한 투자를 줄이는 대신 박쥐는 섬세한 후각을 발달시켰다. 따라서 박쥐가 선호하는 무화과는 상대적으로 크고 이파리와 구분되지 않게 초록색인 경우도 많으며 줄기가 아니라 나무 몸통에 열매가 달려 있다. 그러나 무화과는 잎이 가득한 가는 줄기에서 목표물을 잃기 십상인 박쥐를 배려한 듯 소량의 알코올이 든 강렬한 향기를 산들바람에 흘려보낸다.

중남미 신대륙 유인원을 조사한 생물학자들도 동물과 식물이 서로 영향을 끼친다는 이와 흡사한 사례를 발견했다. 이곳에 사는 원숭이들은 아프리카 구대륙 원숭이들과 달리 삼색각 눈을 진화시키지 못했다. 우리가 보는 세계를 그들은 무채색으로 바라보는 것이다. 따라서 남미에 사는 이들 원숭이가 색 대신 과일 향기로 그것이 먹기 좋게 익었음을 판단하리라는 사실은 충분히 예상할 수 있다. 약 1억 3,800만 년 전 현재의 아프리카와 남미가 분리되고 난 뒤 아프리카 유인원들이 삼색각 시각을 진화시켰고 그 능력은 인간에게도 고스란히 전해졌다. 그렇기에 우리 인간은 가고 서라는 신호등을 구분하고 익지 않은 초록색 과일에 섣불리 손을 대지 않게 된 것이다.

일찍이 육상으로 진출한 식물의 조상들은 지금으로부터 약 3억 년 전 고생대 석탄기의 습지에서 씨를 발명했다. 그 뒤 약 5,000만 년 후에야 비로소 과일이 등장했다. 씨가 가뭄과 추위로부터 벗어나기 위한 식물의 소극적 대응이었다면 과일은 씨를 더 멀리까지 퍼뜨리기 위한 보다 공격적이고 영토 확장적 전략에 해당한다고 볼 수 있다. 과일의 주된 전파자인 새와 포유류가 정온성을 획득한 뒤 더 춥고 더 높은 곳으로 이동할 수 있었다는 점도 그저 우연은 아닌 것이다. 자손에게 더 풍부한 영양소를 주어서 햇볕이 부족한 곳에서도 생존 가능성을 높이기 위해 씨앗의 크기가 점차 커지는 방향으로 식물의 진화가 일어났다고 과학자들은 생각한다. 큰 씨를 만들기 위해서 나무는 더 커졌고 더 많은 에너지를 선점할 수 있었다. 하지만 무거운 씨앗은 바람이나 작은 곤충이 멀리 퍼뜨리기가 어려웠다. 바로 이때 식물은 과일을 발명해 덩치가 큰 동물들을 유혹하기로 결정했다. 그렇게 과일은 우리 인류의 곁으로 다가왔다.

나무 위 생활을 영위하던 인류의 조상들도 작은 곤충과 함께 잘 익은 과일을 골라 먹기 시작했다. 나중에 바람이 차고 기후가 건조해지면서 형성된 초원에 내려왔을 때도 잘 익은 과일은 여전히 풍부한 영양소를 머금은 인류의 귀한 먹거리였다. 그러니 우리는 과일을 제공하는 식물과 맺었던 계약을 잊지 말아야 하지 않겠는가?

탄소를 먹다

가을이 한창인 날, 길가를 걷다 보면 꼬투리가 펼쳐진 달맞이꽃이 연신 눈에 띈다. 아직은 햇살이 등짝을 따스하게 비추지만 한해 혹은 여러해살이풀들은 자신의 분신들을 여기저기에 숨겨놓고 겨울을 기다리고 있을 것이다. 하늘을 향해 솟은 나무들도 이파리에 남은 영양분들을 서둘러 몸통으로 옮기면서 잎싹, 꽃싹을 머금은 봉오리들을 마련한다. 열대우림은 그렇지 않겠지만 머지않아 온대지방의 숲은 일제히 나뭇잎을 떨구고 중위도 지구 북반구의 광합성 표면적을 현저히 줄여나간다. 이렇게 광합성 속도가 줄어듦에 따라 하와이 마우나로아 관측소에서 분석한 이산화탄소의 수치는 조금씩 올라가기 시작한다.

식물들이 자라고 씨를 맺는 데 필요한 주된 영양소는 이산화탄소와 물이다. 물을 분해해서 전자와 수소 이온을 얻은 식물은 이들을 이산화탄소에 붙여 포도당으로 만든다. 이 단계에 빛이 필요하기 때문에 우리는 이 전체 과정을 광합성이라고 일컫는다. 자신이 사용할 식재료를 스스로 생산한다는 점에서 식물은 독립 영양 생명체다. 반면 우리 인간은 자체적으로 먹을 것을 생산하지 못하는 종속 영양 생명체다. 우리는 그러나 포도당을 이산화탄소로 바꾸면서 식물의 먹거리를 약간 챙겨주기는 한다. 광합성과 반대 방향으로 진행되는 이러한 세포 과정을 우리는 호흡이라고 한다.

하지만 호흡과 광합성은 본질적으로 다르다. 각 과정에 사용되는 재료의 에너지량이 차이가 있기 때문이다. 식물은 안정적이지만 매우 낮은 에너지를 가진 이산화탄소에 태양 에너지를 부어 고에너지 탄수화물을 만든다. 인간은 이 농밀한 화학에너지를 함유한 탄수화물에서 에너지를 추출하고 이를 물건을 들어 올리는 운동에너지, 신경세포끼리 신호를 전달하는 전기에너지 혹은 일정하게 체온을 유지하는 열에너지로 변환시킨다. 이렇게 식물은 인간을 지구 밖의 에너지원인 태양과 연결시킨다.

지구 역사에서 광합성이 등장하기 전에 생명체들이 사용할 수 있었던 에너지원은 지구 내부에서 나왔다. 심해의 바닷물을 데우고 인도대륙을 움직여 히말라야 산맥을 높이 들어 올린 힘이다. 섭씨 수천도에 달하는 지구 내부의 열이 지각판을 움직이기 때문에 가능했던 일이었다. 한 해 1인치씩 대서양을 넓히는 힘도 지구 내부의 열에서 기원한다. 또한 지구 내부의 에너지원을 바탕으로 살아가는 심해 생명체들도 존재한다.

이 내부 에너지에 더해 광합성은 지구 밖에서 거저 들어오는 태양

에너지를 여투어 생명체가 한동안 보전할 수 있는 토대를 조성했다. 천 년 넘게 살아남은 용문산 은행나무에는 천 년 전에 한반도에 도달한 태양 에너지가 살아 있다. 태백산맥 준령에 파묻힌 석탄은 훨씬 더 오래 묵은 태양 에너지이자 수억 년 전 대기 중에 존재했던 이산화탄소 덩어리이기도 하다.

그렇다면 식물은 대기 중에 들어 있는 이산화탄소를 어떻게 안으로 끌어들일까? 바로 기공(氣孔)을 통해서다. 기공은 우산이끼를 제외한 거의 모든 육상 식물이 가지고 있는 핵심 기관이다. 하지만 식물은 주변 상황에 따라 기공의 열고 닫음을 면밀하게 조절해야 한다. 빛이 도달하지 않는 밤에는 물론 기공을 열 필요가 없다. 한편 주변에 이산화탄소의 양이 많다고 해도 오래 기공을 열어두는 일이 여의치 않을 수도 있다. 건조하거나 기온이 높으면 기공을 통해 수증기가 날아가 전체적으로 광합성 효율을 떨어뜨릴 수 있기 때문이다. 또한 병원성 미생물이 기공을 통해 식물에 침입하는 일도 미연에 방지해야 한다.

지금부터 약 40여 년 전 과학자들은 지구 대기 중 이산화탄소의 양과 기공의 개수 사이에 일정한 상관관계가 있음을 눈치챘다. 또한 실험으로 그 사실을 증명했다. 1980년대 중반 케임브리지 대학 식물학자 F. 이언 우드워드는 같은 종의 식물이 산꼭대기에서 자랄 때와 평지에서 자랄 때 차이를 보인다는 점에 주목했다. 산꼭대기에 사는 식물은 뿌리가 잘 발달했지만 덩치는 작았다. 그러나 그보다 더 놀라운 점은 산꼭대기 식물이 평지에 사는 사촌들보다 더 많은 수의 기공을 가지고 있다는 것이었다. 우드워드는 실험실에서 변수를 바꾸어 가면서 관찰을 계속했다. 산꼭대기와 평지에서 차이가 날 수 있는 여러 요소를 검토한 것이다. 두 환경을 모사할 수 있는 몇 가지 조건, 예컨대 온도와 습도 혹은 빛의 차이는 기공의 숫자를 결정짓는 데 영향을 끼치지 못했다. 하지만 이산화탄소 농도는 기공의 숫자를 변화시켰다. 산꼭대기에서 식물이 확보할 수 있는 이산화탄소의 양이 평지에 비해 더 적었던 것이다. 중력 때문에 위로 높이 올라갈수록 공기의 밀도는 줄어든다. 높은 산에서는 산소의 양도, 이산화탄소의 양도 적다. 산꼭대기와 달리 평지에는 이산화탄소의 양이 부족하지 않다. 재료와 에너지가 드는 기공을 적게 만들어도 식물이 사는 데 별 지장이 없다는 뜻이다.

21세기로 접어들며 지구 대기의 이산화탄소의 양은 약 380ppm에 이르렀다. 매년 2ppm씩 빠르게 늘고 있다. 1998년 영국과 중국의 공동연구진은 현생 은행나무와 1924년에 수집한 은행잎에서 기공의 숫자를 비교했다. 20세기 약 70년이 지나는 동안 은행나무 뒷면에 있는 기공의 수는 제곱밀리미터당 134개에서 97개로 줄었다. 인간뿐만 아니라 자동차와 냉장고 및 아파트 등이 본격적으로 호흡에 가세하면서 지구 대기에 온실가스인 이산화탄소를 다량 배출한 결과이다. 온

21세기 들어 인간의 활동으로

대기 중 이산화탄소 양이 늘어났고,

충분히 넘쳐나는 이산화탄소 때문에 식물은

잎 뒷면의 공기구멍인 기공을 적게 만들고 있다.

실가스에 갇힌 태양 에너지는 지구의 온도를 급하게 올리고 한반도에 잦은 가을 태풍을 몰고 온다. 여기서도 문제는 속도다. 2015년이 지나며 과학자들은 이산화탄소의 양이 공식적으로 400ppm을 넘었다고 탄식했다. 그 뒤로 불과 5년이 넘지 않은 2019년 5월 지구 대기 이산화탄소의 양은 '공식적으로' 415ppm을 넘었다.

태양광을 받아 작동하는 요트를 타고 대서양을 건넌 스웨덴 환경 운동가 그레타 툰베리의 영상이 널리 퍼지던 2019년 9월 주말 서울 대학로에서는 '기후 위기'를 선언하는 집회가 열렸고 자전거 부대가 행렬의 선두에 섰다. 나는 그 순간에 대학로 마로니에 공원을 장식하는 플라타너스 잎 뒷면의 기공을 생각했다. 오늘도 은행나무 잎 뒷면에서는 기공의 수가 줄고 있다.

식물, 여전히 미지의 세계

35.6에서 태어나 어린 시절을 보냈던 나는 청운의 꿈을 안고 37.6으로 와서 대학을 마쳤다. 결혼 후 아내 그리고 아이 둘과 함께 40.4에서 6년, 42.4에서 2년을 보낸 뒤 35.2로 귀국했지만 지금은 37.3에 살고 있다. 장소 혹은 방향을 의미하는 토씨를 썼기 때문에 위 숫자들이 지명을 뜻한다는 점은 쉽게 짐작할 수 있을 것이다.

실제 앞의 숫자들은 지구의 위, 아래쪽 절반을 각각 세로로 나눈 가상의 눈금으로 위도라 불리는 것이다. 지구를 가로로 구획한 경도가 주어지지 않으면 정확한 지명을 알 도리가 없지만 위에서부터 순서대로 저 숫자는 정읍, 서울, 미국의 피츠버그, 보스턴 그리고 부산, 수원의 위도를 나타낸다. 50년 넘게 지구에서 내가 숨쉬며 살아온 장소는 위도 23.5도에서 66.5도 사이에 걸쳐 있는 북반구 온대지방에 속해 있다. 바로 그 이유 때문에 우리는 겨울과 여름이라는 말이 전혀 낯설지 않다.

남반구의 온대지방도 북반구와 같은 위도를 차지하지만 육지 대신 바다가 넓은 까닭에 상당히 많은 수의 인류는 북반구 온대지방에서 사계절을 즐기며 살아간다. 같은 온대지방이라도 열대에 가까운 곳이나 지중해성 기후를 보이는 지역은 겨울이라도 혹독하게 추운 법이 없다. 겨울에 추적추적 비가 내리기도 하는 해양성 기후 지역도 마찬가지다. 아열대 제주가 있지만 강원도 인제나 원통처럼 차갑고 혹독한 겨울을 감내해야 하는 곳도 적지 않은 한국은 미국 북동부처럼 내륙성 온대지방에 속한다. 이 지방에는 깊은 곳에 숨어들어 겨울잠을 청하는 동물이 있고 두터운 옷가지를 두른 채 집 안에서 은신할 수 있는 인간도 있을 것이다. 하지만 나무는 어떻게 겨울을 나는 것일까?

쉽게 상상할 수 있듯이 붙박이 나무들은 북서풍 칼바람을 그야말로 온몸으로 받아낸다. 그뿐만이 아니다. 광합성을 하는 식물에게 필요한 절대적인 요소 중 이산화탄소를 제외한 모든 게 부족한 계절이 곧 겨울이다. 보다 정확히 말한다면 겨울에는 뿌리를 통해 물을 수급하기 힘들고 설사 물이 있다손 치더라도 약한 햇빛을 받아 식물이 엽록체 화학반응 공장을 가동하기에 기온이 너무 떨어진다. 광합성 효소들도 겨울의 낮은 온도에 적응하지 못하고 한껏 움츠러들며 운신의 폭을 줄이게 마련이다. 따라서 가을이 깊어가면 광합성 효율이 현저하게 줄어든다. 겨울잠을 자는 동물처럼 식물들도 겨울나기를 준비할 때가 찾아온다. 상당수 나무들은 잎에 남아 있는 귀중한 원소인 질소와 인 그리고 탄소를 모두 회수한 다음 이파리를 모두 땅으로 떨구어버린다. 우리는 이런 삶의 양식을 선택한 나무를 활엽수라고 부른다.

1월의 제주도에 꽃을 활짝 피운 동백이나 바늘잎을 품고 겨울을 나는 상록수들이 취하는 전략과 달리 늦가을이면 활엽수인 느티나무 및 아름드리 사시나무는 서둘러 이파리를 버린다. 하지만 동공을 키워 시야를 넓히고 주변을 둘러보자. 잔설이 박힌 삼동 한겨울 산등성이에 아직도 여전히 이파리를 매달고 있는 나무들이 보인다. 떡갈나무가 대표적인 수종이다. 그렇다면 떡갈나무가 바짝 말라 불쏘시개로나 씀 직한 나뭇잎을 줄기에 매달고 겨울을 버티는 이유는 대체 무엇일까?

사실 나무가 떨구어 버리는 것이 가을 잎만은 아니다. 꽃가루받이가 끝난 꽃이나 자손을 퍼뜨릴 준비를 마친 열매도 언제든 버릴 수 있다. 이런 저간의 사정을 고려하면 필요 없는 조직을 제거하는 데 식물이 상당히 근사를 모은다고 생각할 수 있을 것이다. 최근에 일부 내막이 밝혀졌듯이 이 과정에는 호르몬의 생산과 분배 등 상당히 복잡한 유전자 네트워크가 가동되는 고난도의 작업이 요구된다. 떡갈나무가 이파리를 떨구지 않으려면 이런 작업을 그저 단순히 중단하면 된다. 대신 돌아올 봄에 돋아나는 새싹에 밀려 마른 잎이 저절로 떨어지게 된다면 식물 입장에서 상대적으로 에너지를 절약하는 효과가 있을지도 모른다. 그러나 솔직히 말해 떡갈나무가 왜 겨울에 나뭇잎을 매달고 있는지 정확한 속내는 잘 모른다.

식물학자들은 새로 생긴 아래쪽 잔가지에 마른 나뭇잎이 주로 분포한다는 점에 주목했다. 이런 사실로부터 기다란 초식동물의 목이 휘두르는 사정권 안에 있는 여린 가지를 보호하기 위해 식물이 은폐 전략을 쓴다는 추론이 나왔다. 하지만 일부 과학자들은 식물이 싹을 틔울 때 재료로 쓰고자 겨울 동안 마른 잎을 매달고 있다고 보기도 한다. 긴 겨울을 지나는 동안 바람에 낙엽이 멀리 날아가버릴 수도 있기 때문이다. 그러나 마른 나무가 얼마나 빠르게 유용한 에너지원으로 전환될지 의심하는 사람들도 없지 않다.

최근에는 성적으로 성숙할 때까지는 나무가 마른 잎을 매단 채 겨울을 난다고 보는 식물학자들이 등장했다. 나무의 성숙은 꽃에 의해 정의되고 몇 년을 자랐더라도 꽃을 피울 수 있어야만 비로소 어른 나무가 되는 것이다. 이제 꽃을 피우고 씨를 생산해낼 어른 가지가 될 때까지 초식동물의 허무한 먹잇감 신세가 되지 않아야 하는 것은 식물의 절체절명의 과제가 된다. 하지만 이런 명제도 아직까지는 가설의 수준을 벗어나지 못한다. '어떻게' 낙엽을 떨구는지 어렴풋이 짐작하지만 '왜' 그러는지 우리는 아직도 확실한 답을 가지고 있지 못하다는 말이다.

세심한 관찰로 이어질 인간 고유의 호기심을 북돋우는 일이 지금 우리 모두에게 시급한 과제라고 떡갈나무의 마른 잎은 바람에 속삭인다. 겨울이 성큼 왔다.

고무의 발견과 하나뿐인 지구

5월의 늦은 봄, 풀밭이나 숲 가장자리에 가면 씀바귀가 노란 꽃을 한창 피우고 있다. 땅 가까이에는 뱀딸기 꽃도 보인다. 산과 들 양지바른 곳에서는 고들빼기 꽃이 지천이다. 애기똥풀 무리도 얼굴을 내민다. 애기똥풀의 줄기를 잡아 꺾으면 아직 밥을 먹어보지 못한 신생아 똥의 황금색과 흡사한 유액(latex)이 핏방울처럼 불거져 나온다. 마찬가지 방식으로 덜 익은 양귀비의 과실에 생채기를 낸 뒤 채취한 유액을 말린 것이 아편이다. 그러나 현재 우리 생활과 가장 밀접한 관계가 있는 천연 유액은 단연 고무일 것이다.

이른 봄 채취하는 고로쇠 수액이나 불에 고아 시럽을 만드는 캐나다의 사탕단풍나무의 수액은 유액과는 본질적으로 다르다. 물관 혹은 체관을 따라 흐르며 탄수화물이 다량 함유된 것이 수액이라면 유액의 성분은 화학적으로 다양하기 그지없다. 애기똥풀이나 아편에는 알칼로이드가 함유되어 있으며 매우 쓰다. 천연 고무의 유액도 쓴맛이 나지만 주요 성분은 구성단위로 따지면 콜레스테롤과 비슷한 폴리이소프렌(polyisoprene)의 중합체이다.

15세기 말 아메리카 인디언들이 고무공을 가지고 노는 것을 목격한 콜럼버스 이래 유럽인들은 점차 고무의 존재에 눈을 뜨기 시작했다. 1735년 천문 지리학자였던 샤를마리 드 라 콩다민은 에콰도르 원주민들이 나무에서 하얀 유액을 모아 연기를 쬔 다음 여러 모양의 물건을 만드는 사실을 그림으로 그렸다. 이렇게 유럽에 소개된 고무는 처음에는 단순한 호기심의 대상이었지만 점차 그 용도가 늘어나기 시작했다. 공기에 들어 있는 산소의 존재를 밝힌 조지프 프리스틀리는 연필로 쓴 글씨를 고무로 지울 수 있다는 사실을 우연히 발견했다. 지우개가 탄생하는 순간이었다. 하지만 이 지우개는 추우면 딱딱해지고 더우면 끈적거리는 데다 냄새도 고약했기 때문에 널리 쓰이지는 않았다. 이때 찰스 굿이어가 등장했다. 실수로 난로 위에 황과 고무가 섞인 통을 엎어놓고 외출에서 돌아온 굿이어는 그 고무가 뛰어난 탄력성을 보인다는 사실을 발견했다. 이런 우연 덕분에 황이 첨가된 고무가 인간 세상의 필수품으로 자리 잡게 되었다.

1893년 스코틀랜드의 존 보이드 던롭은 거친 도로에서 자전거를 타다 두통이 심해진 아들을 위해 공기 튜브를 가진 자전거 고무바퀴를 만들었다. 지우개를 연필 끝에 붙인 필라델피아 출신의 화가 하이먼 리프먼도 빼놓을 수 없는 사람이다. 그는 모자를 쓴 자신의 모습을 거울에서 보고 아이디어를 얻었다고 한다. 친구였던 굿이어로부터 특허권을 사들인 히람 허치슨은 프랑스로 건너가 고무장화를 생

1·

이소프렌 단위(C_5)

2·

스쿠알렌($C_5 \times 6 = C_{30}$)

3·

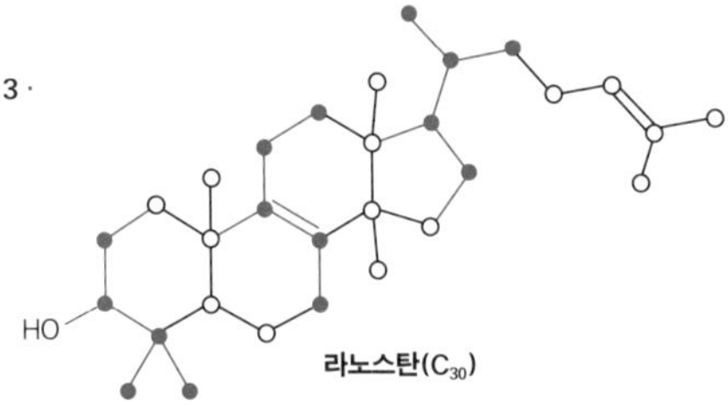

HO

라노스탄(C_{30})

테르페노이드 화합물

1) 탄소가 5개인 이소프렌(isoprene) 골격이다. 탄소 원자는 원으로 표시하였다.

2) 이소프렌 단위가 6개 모이면 탄소 30개짜리 스쿠알렌(squalene)이다.

3) 스쿠알렌이 4개의 고리와 곁가지로 구성된 라노스탄(lanostane) 골격으로 변했다. 효소가 관여하는 반응이다. 구조의 왼쪽 아래 수산기(-OH)가 있는 라노스테롤은 균류와 동물에서 발견되는 스테로이드 화합물의 출발물질이다. 콜레스테롤, 에스트로겐 등 스테로이드 화합물은 모두 라노스테롤의 유도체들이다.

산하기 시작했고 대성공을 거뒀다.

운명의 장난처럼 탄력성이 우수한 고무를 개발한 굿이어는 정작 불운했다. 하지만 황을 이용해 폴리이소프렌 중합체의 구조를 혁신시킨 덕택에 자동차와 항공기 등 교통수단은 진보했다. 도로와 공항과 같은 사회 간접 자본도 그 규모를 키웠음은 물론이다. 굿이어의 이름을 따 미국의 사업가 프랭크 세이버링은 굿이어 타이어 앤드 러버 컴퍼니를 설립했고 지금에 이르고 있다. 천연 고무를 대체할 합성 고무가 등장하는 것은 이제 시간문제였다. 양차 세계대전을 거치면서 유럽과 미국에서는 다양한 종류의 합성 고무를 생산했고 천연 고무를 대체해 나갔다. 하지만 타이어의 수요가 급증하면서 합성한 것이건 천연에서 유래한 것이건 고무의 생산량은 엄청나게 늘어났다.

고무 발견의 역사를 보면 우연과 인간의 노력이 잘 버무려진 흔적이 역력하다. 역시 필요가 발명을 촉진하는 것은 사실인 모양이다. 현재 인도와 중국 및 아프리카에서 타이어의 수요가 증가하면서 기후와 환경 변화에 민감한 천연 고무를 대체할 혁신적인 방법이 절실해 보인다. 이제껏 그래왔듯 인류는 이런 문제를 무난히 해결할 수 있을 것이다. 그러니 모든 기술적 혁신에 앞서 우리는 타고 남은 재가 다시 기름이 되지 않는다는 사실을 잊지 말아야 한다.

우리가 지금과 같은 생활방식을 유지하려 한다면 최소한 네 개의 지구가 필요하다고 한다. 하지만 우리에게는 단 하나의 지구밖에 없다.

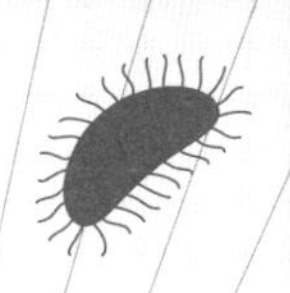

4부

인간과 함께할 미시의 세상
: 작은 것들을 위한 생물학

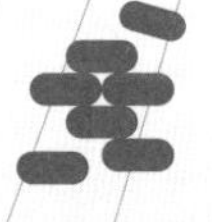

다세포 생명체가 진화하면서 세균과 고세균이 살아갈 장소가 넓어졌다. 적혈구를 제외한 우리 몸의 세포에는 예전에 자유 생활을 영위했던 세균이 평균 200개가 들어 있다. 바로 미토콘드리아다. 미토콘드리아는 우리 눈에 보이는 다세포 생명체 거의 모든 세포에 들어 있다. 생물학에서 변치 않고 오래된 것은 예외 없이 귀중한 것이다.

식물 세포는 귀화한 남세균을 우군 삼아 태양과 지구를 연결한다. 남세균은 지구 생명체 중에서 햇빛을 이용해 물을 깨서 고에너지 전자를 이용할 줄 알았던 최초의 생명체였다. 고에너지 전자에 잠시 머물던 태양 에너지는 이산화탄소에 오래 고정될 수 있었다. 미토콘드리아를 보유하고 있던 식물은 엽록체마저 포섭함으로써 지구상에서 독립적으로 살아갈 수 있는 생화학적 토대를 마련했다. 하지만 그게 다가 아니었다. 식물이 저장한 태양 에너지는 엽록체가 없는 다양한 다세포 생명체 생태계를 굴러가게 하는 밑바탕이 되었던 것이다. 식물의 신세를 진다는 점에서는 인간도 다른 동물들과 하등 다를 바 없다.

인간은 작은 것들이 함께 모여 사는 넓은 생태 공간일 뿐이다.

'바이러스 스나이퍼' 크리스퍼

사람이 평균 70년을 산다면 그중 1년은 감기에 걸려 있다는 통계를 책에서 읽은 적이 있다. 햇수로 따지면 매년 약 닷새 좀 넘게, 일수로 따지면 매일 밥 한 끼 먹을 정도의 시간인 20분 남짓 우리가 감기에 골골하고 있는 셈이 된다. 평생 고뿔을 모르고 살았노라 곤댓짓하는 사람이 없지는 않겠지만 많은 사람들은 일 년에 한두 차례 감기를 명절 손님처럼 맞는다.

전 세계적으로 매년 10퍼센트의 인류가 경험한다는 감기는 바이러스 때문에 발병한다. 우리처럼 온대지방에 사는 사람들은 대체로 기온이 떨어지는 겨울에 감기에 취약하다. 날이 차가워진 까닭에 바이러스에 대한 인간의 면역력이 떨어져서 쉽게 감기에 걸릴 것이라 추론할 수 있다. 그렇다면 다음과 같은 질문이 자연스럽게 따라온다. 계절에 따른 온도 차이가 크지 않은 적도 근처의 사람들은 감기에 잘 걸리지 않을까?

홍콩에서는 2017년에 감기 바이러스의 사촌격인 인플루엔자 감염으로 300명이 넘게 죽었다. 아열대 기후의 특징을 보이는 홍콩에서 여름 시즌인 5월에서 8월 사이에 벌어진 일이다. 2006년 세계보건기구가 발표한 논문에 따르면 적도 근처의 사람들도 온대지방인 미국 사람들 못지않게 감기에 걸리고 그로 인해 고통을 받는다고 한다. 따라서 뉴욕에든 자바섬에든 바이러스는 늘 있는 것이고 어떤 이유에서든 면역력이 떨어진 인간을 골라서 바이러스가 습격한다고 보아야 할 것이다. 온대지방과 마찬가지로 적도 지역에서도 감기에 취약한 연령층은 U자 그래프를 그린다. 아주 어리거나 나이든 사람들의 면역력이 상대적으로 쉽게 약해진다는 뜻이다. 그런데 우리 인간의 면역계는 왜 감기 바이러스에 유독 취약한 것일까? 일주일 정도의 휴식과 따뜻한 콩나물국 말고 다른 처방은 없는 것일까?

뉴스를 조금만 눈여겨보면 바이러스는 사람뿐만 아니라 새들과 식물에도 거침없이 달려든다는 것을 알 수 있다. 그뿐만이 아니다. 물고기, 개구리, 악어도 사는 동안 한 번쯤은 바이러스에 시달린다. 지금까지 나열한 생명체는 모두 눈에 보이지만 현미경으로나 보임직한 세균도 바이러스 때문에 흔히 목숨을 잃는다. 하지만 다양한 바이러스 중에서 인간을 포함한 포유류와 조류가 특히 예민하게 반응하는 것들이 있다. 감기는 이미 얘기했고, 현대판 흑사병이라 불리는 에이즈, 소두(小頭)증을 유발한다는 지카, 해마다 갈마들며 조류독감과 구제역을 일으키는 바이러스가 바로 그들이다. 이들 바이러스는 RNA라는 다소 불안정한 유전 물질의 돌연변이를 통해 끊임없이 변신하며 약물이나 백신에 대해 내성을 획득한다. 하지만 세균은 이런 RNA 바이러스에 상대적으로 강한 내성을 보인다. 비유적으로 말하면 세균은 쉽사리 감기에 걸리지 않는다. 다른 수단도 있겠지만 침입한 바이러스의 유전자를 감지하고 제거하는, 크리스퍼(CRISPR)라 불리는 세균의 면역 담당 저격수가 한몫하기 때문이다.

정확히 말하자면 크리스퍼는 크리스퍼 유전자 가위의 줄임말이다. 세균의 유전자 가위니까 바이러스의 유전자를 자른다고 짐작할 수 있다. 하지만 어디를 자를 것인가? 바로 이 지점에 생물학의 묘미가 살아 숨쉰다. 세균의 크리스퍼는 자르고자 하는 바이러스 유전자 표적에 지퍼를 채운 것처럼 착 달라붙는다. 그런 다음 크리스퍼와 팀을 이뤄 일하는 가위 단백질이 바이러스의 유전자를 싹둑 잘라버린다. 스스로를 조립하지 못한 바이러스는 이제 더 이상 바이러스가 아니며 온전하게 살아서 세균 밖을 나갈 도리가 없다.

사실 크리스퍼의 단서를 짐작한 지는 꽤 오래되었다. 1987년 세균의 유전자를 비교 분석하던 일본의 연구진들이 크리스퍼의 존재를 눈치챘다. 하지만 그 정체가 밝혀진 것은 21세기에 접어든 뒤였다. 요구르드나 요플레와 같은 발효 유제품을 만드는 과정에서 바이러스에 감염된 세균을 조사하던 덴마크의 유산균 회사 다니스코 연구진은 크리스퍼 유전자 가위 체계가 바이러스 감염에 대한 내성을 갖는 데 절대적으로 필요하다는 사실을 밝혀냈다. 흥미로운 점은 크리스퍼가 과거 세균 집단에 무단 침입했던 바이러스의 유전자를 채무 기록처럼 꼼꼼히 보관하고 있다는 사실이다. 이들 세균은 자신을 한 번 침입한 바이러스를 쉽사리 잊지 않는다. 과학자들은 면역계의 이러한 특성을 두고 적응성 면역이라고 칭한다.

이후 분자생물학자들이 크리스퍼의 파급력을 짐작하게 되면서 변방에 있던 세균의 면역 체계가 일약 유전공학의 총아로 떠올랐다. 마침내 과학자들은 크리스퍼 유전자 가위를 인공적으로 합성하여 정확하고 빠르게 동물이나 식물의 특정 유전자 부위를 편집할 수 있게 되었다. 이제 우리는 혈우병과 같은 유전 질환을 효과적으로 치료하게 될 것이다. 비계 대신 살코기가 듬뿍 든 '슈퍼'돼지를 만들 수도 있다. 곰팡이 감염에 강한 바나나도 곧 선보일 것이다. 크리스퍼는 이미 변화의 장도에 올랐다.

한편 과학자들은 크리스퍼가 본디 바이러스의 대항마로서 진화한 세균의 방어체계라는 점을 잊지 않고 그것을 난공불락의 감기 바이러스를 무력화하는 데도 쓸 수 있으리라 궁리한다. 무작정 살처분에 맡기는 구제역과 조류 바이러스 감염 가축들도 곧 크리스퍼와 한번쯤 만나야 하지 않을까? 영하의 강추위가 한정 없이 길어지는 이 겨울, 나는 작고 작은 것들의 세상을 꿈꾼다.

바이러스와 인간

늘 그렇듯 우리의 5월은 경계에 서 있다. 겨우내 열려 있던 공간을 부리나케 푸른 잎들로 채운 5월은 봄을 성큼 지나 여름을 향해 다가간다. 경계는 우리 몸 안에도 존재하는데 몸의 내부 장기를 외부와 연결한다. 호흡 과정을 통해 폐는 몸 구석구석에 산소를 공급한다. 소장을 거쳐 들어온 영양소도 전신으로 퍼져 나간다. 포유동물인 인간은 산소 또는 영양분과 마주하는 폐와 소장의 경계막을 충분히 접고 구부려 표면적을 극대화한 연후에야 비로소 세포를 먹여 살릴 수 있게 되었다. 피부 면적이 2제곱미터에 불과한 데 비해 인간의 평균 폐 표면적이 15평(坪)이 넘는 50제곱미터라는 사실을 생각해보라. 놀랍지 아니한가? 하지만 놀라기에는 아직 이르다. 우리 소화기관의 표면적은 그보다 서너 배는 더 넓다.

먹고 숨쉬는 경계의 표면적이 넓다는 점은 경이롭지만 그 현상이 산소와 영양분의 흡수를 향한 우리 몸의 해부학적 안간힘이라는 사실을 상기하면 일견 슬프기도 하다. 어쨌든 표면적만 보아도 피부는 확실히 방어 기관이고 폐와 소장은 에너지와 물질을 몸속으로 끊임없이 집어넣는 역동적인 기관이라는 결론에 이른다. 하지만 5월이 되면 나는 또 다른 경계에 대해 생각한다. 바로 태반이다. 참 손이 많이 가던 아기가 제법 사람 꼴을 갖춘 일을 축하하는 어린이날이나 그 일을 묵묵히 감내한 어버이날이 공존할 수 있게 된 것도 바로 저 기관 때문이 아니던가?

인간의 배아가 발생하고 성장하는 과정에 필요한 모든 물질과 에너지를 공급하는 태반도 그 기능에 걸맞게 표면적이 11~14제곱미터에 달한다. 20센티미터 크기의 원반 모습을 띤 태반의 한쪽은 엄마의 자궁내막에 다른 한쪽은 탯줄을 매개로 아기와 연결되어 태반 포유류 특유의 기관을 이룬다. 이들은 태반 없이 발생 초기에 태어난 새끼를 '육아낭'이라는 주머니에서 키우는 캥거루와는 사뭇 다른 생식 전략을 발전시켜 왔다. 또한 이 전략은 알에서 태어나 젖을 먹는 원시 포유류인 오리너구리 생식과도 큰 차이가 난다.

발생학 강의를 하다가 가끔 나는 "누가 태반을 만들었을까?"라는 생경한 질문을 던진다. 그러고 잠시 침묵의 시간을 갖는다. 당연히 '산모가 만드는 것 아냐'라고 생각하던 사람들은 질문자의 의도를 고려하면서 고개를 갸웃거린다. 이제 내가 나설 차례다. 사실 태반은 태아가 만든다. 정자와 난자 하나가 만나 새로운 삶을 시작한 수정란은 얼마 지나지 않아 두 종류의 세포로 분화된다. 하나는 태아가 될 줄기세포들이고 나머지는 태반이 될 줄기세포들이다. 태아 줄기세

지구에 태반 포유류가 등장하기 위해서는

또 다른 주연, 바이러스가 있어야 했다.

우리 유전체의 약 8퍼센트는 바이러스에서 유래했다.

포는 심장과 뇌, 피부 등등을 포함해서 약 3~4킬로그램에 이르는 신생아의 각종 세포로 분화하겠지만 태반 줄기세포는 태아와 산모의 경계면인 약 450그램의 태반을 조직화한다. 이 태반을 통해 산모는 산소와 영양소를 공급하고 태아의 노폐물을 처리한다. 매분마다 산모의 심장을 빠져 나가는 혈액의 20퍼센트 정도가 태반을 경계로 태아와 마주한다. 이런 방식으로 태반 포유류는 조류 혹은 파충류의 탄산칼슘 알껍데기와 난황을 완전히 대체하고 자손을 보다 안전하게 이 세상에 내보낼 수 있게 되었다. 하지만 이 전략이 산모의 부담을 크게 가중시켰다는 점도 결코 잊지 말아야 한다.

그러나 이게 다가 아니다. 지구상에 태반 포유류가 등장하기 위해서는 또 다른 주연이 필요했다. 그 주인공은 바로 바이러스다. 애써 인정하고 싶지는 않겠지만 우리 유전체의 약 8퍼센트는 바이러스에서 유래했다. 바이러스는 유전자와 그것을 둘러싸고 있는 껍데기만으로 이루어져 있다. 자신을 복제하는 데 필요한 단백질 공장이 따로 없는 것이다. 그러므로 바이러스가 스스로를 복제하기 위해서는 세균이나 동물의 세포 안에 들어와 그들의 복제 기구에 무임승차해야 한다. 그렇게 필요한 물품을 조달하고 그것을 일일이 조립한 후 바이러스는 숙주 세포를 터뜨리고 탈출한다. 역전사 바이러스라고 불리는 매우 특별한 한 종류의 바이러스는 자신의 유전체를 숙주 세균이나 인간의 세포 유전체에 슬며시 끼워 넣는다. 그렇게 우리 인간의 유전체에 바이러스의 흔적이 살아 있게 된 것이다.

그렇다고 너무 걱정할 필요는 없다. 오랜 세월에 걸쳐 누적된 돌연변이로 바이러스 유전체가 병원성을 잃은 데다 또 숙주인 우리 세포도 이들이 함부로 날뛰지 못하게 면역계의 시선을 놓지 않는 까닭이다. 모든 일이 그렇듯 이러한 제어 장치도 완벽하지는 않아서 가끔 말썽을 일으킬 때가 있다. 여기저기 함부로 움직이기 때문에 점핑 유전자라는 이름이 붙은 바이러스 유전자 조각이 인간 유전자 중간에 끼어들면 암세포로 바뀌는 경우가 생기기도 한다.

아주 오래전 포유류 조상은 바이러스의 유전자 하나를 태반을 만드는 데 차출하는 술수를 발휘하게 되었다. 그것은 본디 숙주의 세포막에 바이러스의 껍데기를 합칠 때 쓰던 단백질이었다. 태반의 핵심인 영양막 세포는 '신시틴(syncytin)'이라 불리는 바로 이 바이러스 기원 단백질을 이용하여 산모 자궁 내막에 녹아 융합해 들어간다. 이런 방식으로 태아는 산모의 혈액으로부터 영양소를 효과적으로 확보할 전초 기지를 마련했다. 프랑스 과학자 티에리 하이드만은 영장류 태반에서 신시틴 아형(亞型) 단백질을 발견하고 이것이 산모의 면역계를 약화시켜 태아를 공격하지 못하게 돕는 부가적 역할을 한다고 추정했다.

따라서 우리 인간은 바이러스의 도움이 없었다면 결코 존재할 수 없었다고 보아야 할 것이다. 최근 들어 바이러스에서 비롯된 유전자들이 태아와 산모 사이의 '의사소통'에 적극 참여한다는 연구 결과가 심심치 않게 등장하고 있다. 인간의 유전체에 편입한 바이러스 유전체 연구가 본격적으로 진행되고 있는 것이다. 한 세대가 다음 세대 혹은 이전 세대와의 자리바꿈을 공식적으로 기억하고 기념하는 달, 5월을 보내며 이것을 가능하게 한 바이러스를 떠올린다. 바이러스와 인간 사이에 맺은 생물학적 제휴 아래 비로소 이런 일이 가능해졌다. 인간은 본질적으로 키메라인 것이다.

• • •

생명이 탄생한 뒤 수십억 년 동안 단세포 생명체의 시대였고 어떤 면에서 인간의 가장 먼 직계 조상이 되는 진핵세포조차 지금으로부터 20억 년 전에 탄생했다고 과학자들은 생각한다. 징조는 보였겠지만 다세포 생명체가 탄생한 것은 고작해야 10억 년 안쪽이다. 그렇다면 지구에서 생명의 역사 중 4분의 3 이상은 단세포 생명체의 시대였다. 나는 바이러스가 간소화한 삶을 살기로 작정한 '전직(前職)' 세균이 아닐까 생각하길 좋아하지만 어쨌든 다세포 생명체의 근간에 세균이 있는 점은 이제 누구나 동의하고 있는 것으로 보인다. 세균을 잡아먹거나 아니면 거의 모든 생태 환경에서 에너지를 확보할 수 있는 세균의 생화학적 대사 경로의 도움을 얻어 살아가는 다세포 생명체의 전략은 지금도 유효하기 때문이다. 가령 해면의 건조 중량 약 3

분의 1은 세균이 차지한다는 얘기를 세미나에서 들은 적이 있다.

『먹고 사는 것의 생물학』이란 책에서 나는 우리 인간이 보유한 약 200종류의 세포 중 서로 융합할 수 있는 세포가 3종에 불과하다고 말한 바 있다. 포유류 세포에서 융합이 그리 보편적인 현상은 아니란 뜻이다. 거두절미하고 소개하자면 오래되었거나 손상된 뼈세포를 파괴하는 파골세포(osteoclast), 골격 근육세포 그리고 자궁 내막으로 파고 들어가는 태반의 영양세포(trophoblast)다.

예를 들어보자. 세포 두 개가 하나가 되는 일은 정확히 세포 하나가 두 개가 되는 일의 반대 과정이다. 하지만 생명체들은 그런 일에 익숙하지 않아 보인다. 술에 물을 타서 부피를 두 배로 쉽게 늘릴 수 있지만 그 반대의 일은 결코 쉽지 않다. 가령 파골세포는 여러 개의 핵이 커다란 세포 하나에 밀집되어 분포하는 양상을 보인다. 이제 질문을 던져보자. 파골세포가 작용하는 데 필요한 단백질을 만들기 위해 세포는 여러 개의 핵 중 어느 곳의 유전자를 사용하는 것일까? 모른다. 커다란 세포를 유지하는 데 쓰일 에너지는 충분한 것일까? 파골세포 안에 미토콘드리아 숫자가 많고 에너지를 충분히 만들면 뼈를 갉아먹는 세포의 기능이 항진된다는 논문이 있는 점으로 보아 역시 이들 세포의 '활력'도 세포 크기를 지탱할 수 있는 에너지의 양에 좌우한다고 볼 수 있는 것이다.

바이러스는 자신의 유전체를 전사하고 번역해서 단백질을 만들 때 남의 힘을 빌린다. 그래서 분자생물학자들은 간신히 바이러스를 '리

보솜'이 없는 생명체로 끼어줄 때가 있다. 그러기 위해 바이러스는 외피를 숙주 세포에 붙이고 자신의 유전물질만을 숙주 내부로 집어넣어야 한다. 여기서 주목할 대목은 외피를 숙주 세포막에 붙이는 일이다. 이 과정에 바이러스의 신시틴 단백질이 관여하기 때문이다. 포유동물 진화의 어느 순간에 이 역전사 바이러스가 동물의 성세포에 침입하고 그들의 유전자에 영구히 정착하는 일이 벌어졌을 것이다.

프랑스 연구진들은 중생대 쥐라기가 끝나고 백악기가 시작되던 시기에 포유동물의 태반이 나타났다고 추정했다. 흥미로운 사실은 그와 비슷한 일이 도마뱀에서도 일어난 것이다. 약 2,500만 년 전 이들 도마뱀은 신시틴과 유사한 유전자를 얻고 태반을 통해 알 대신 새끼를 키우는 일이 가능해졌다. 물론 이들과 유연관계가 가까운 도마뱀들은 지금도 여전히 알을 낳는다. 이런 생물학적 현상을 두고 우리는 수렴 진화라는 말을 즐겨 쓰지만 어쨌든 저 도마뱀이 태반을 만드는 과정에서도 바이러스의 습격이 일어났다는 점은 놀랍기 그지없다.

바이러스를 위한 변명

물 한 방울의 부피는 0.05*cc*다. 스무 방울을 합쳐야 겨우 1*cc*가량 된다. 굳이 비유를 하자면 아마도 땅콩 한 알 정도에 해당하는 부피가 물 1*cc*에 가까울 것이다. 무게로 따지면 약 1g이다. 적은 양이라고 생각하기 쉽지만 상황에 따라서 이는 엄청나게 넓은 공간으로 바뀔 수도 있다. 1989년 노르웨이 베르겐 대학 연구진은 바닷물 1*cc*에 바이러스 1,000만 마리가 산다는 연구 결과를《네이처》에 보고했다.

최근 신종 코로나바이러스(코로나19) 때문에 초긴장 상태여서 바이러스라는 말을 들어보지 않은 사람은 없을 듯하다. 그러나 바이러스에게는 우리가 아는 것보다 더욱 신비한 뭔가가 있다. 과학자들은 현재 지구에 약 160만 종의 바이러스가 존재할 것으로 추정한다. 그리고 그중 약 1퍼센트의 정체를 밝혀냈다. 이 말은 나머지 99퍼센트에 해당하는 바이러스에 대해서는 잘 모른다는 뜻이다. 어쨌든 바이러스는 크기가 아주 작지만 그 종류나 숫자는 어마어마하다. 현재 많은 수의 인간을 죽음으로 몰아가고 있는 코로나19는 그중 하나에 불과하다.

과학자들은 바이러스를 생명체로 정의하는 데 무척 인색하다. 기본적으로 이들의 생활사가 숙주 생명체를 반드시 필요로 하기 때문이다. 대물림되는 유전체와 그것을 둘러싼 단백질 외피로 구성된 단출한 형태인 바이러스는 다른 생명체 안으로 들어가야만 스스로를 재생산할 수 있다. 유전자를 복제하고 단백질을 조립하는 숙주의 물질대사 수단을 총동원해야 하기 때문이다. 숙주 세포 안에서 성공적으로 재생산을 마친 많은 수의 바이러스는 마침내 숙주의 세포막을 깨고 나와 새로운 숙주를 찾아 나선다.

넉살 좋은 바이러스는 살아 있는 생명체라면 그 종류를 가리지 않고 숙주로 삼는다. 담배에 침입하여 모자이크 무늬를 갖는 전염성 질환을 일으키거나 동백 붉은 꽃잎에 하얀 반점을 새기기도 하고, 사람이나 고양이에게 백혈병을 초래하기도 한다. 단세포 생명체인 세균도 예외는 아니다. 바닷물 속에 사는 세균의 약 20퍼센트는 매일매일 이런 바이러스의 숙주가 되었다가 곧이어 죽음을 맞는다. '박테리아를 잡아먹는다(phagy)'는 의미를 담아 우리는 이들을 박테리오파지라고 부른다. 한 개의 세균을 터뜨리고 나오는 박테리오파지의 수는 100개가 넘는다. 요즘 TV에 나와서 세균이랬다 바이러스랬다 우왕좌왕하는 사람들에게 이 '크기'의 엄정함을 얘기해주고 싶다. 평균적인 세균은 바이러스에 비해 사뭇 크다. 이렇듯 바이러스는 최근에 불거진 오명과는 달리 지구에서 세균이 무한 증식하지 못하게 막는 막

중한 일을 한다.

그렇다면 바이러스는 숙주 세포 안으로 어떻게 들어가는 것일까? 에이즈 바이러스를 예로 들어보자. 알다시피 이 바이러스는 면역계 세포인 T-세포를 공략한다. 목표를 '찾아 달라붙는' 장치를 바이러스가 구비하고 있기에 가능한 일이다. 하지만 돌연변이 표적 단백질을 보유한 일부 북유럽인에게는 에이즈 바이러스가 T-세포 안으로 잠입하지 못한다. 몸 안에 바이러스가 돌아다녀도 감염이 되지 않는다는 뜻이다.

입을 통해 폐로 들어가는 코로나19는 바깥쪽에 축구화 밑바닥에 박힌 것과 비슷한 스파이크 형태의 단백질을 가지고 있어서 폐의 상피세포 표면에 있는 수용체와 잘 결합한다. 구조적으로 서로 궁합이 잘 맞는 단백질 짝이 있어야만 세포에 쉽게 침투할 수 있다는 뜻이다. 연구자들은 저 수용체 단백질과 결합할 수 있는 항체를 개발해 바이러스가 세포와 결합하는 일을 사전에 원천봉쇄하려 한다. 2020년 2월 초에 나온 논문을 보니 코로나19 침입을 저지할 수 있는 항체가 얼추 개발된 모양이다. 좀 두고 봐야겠지만 다행스러운 소식이다.

바이러스는 또한 존재 특성상 자신의 유전체를 숙주에 넣었다가 다시 빼는 까닭에 생명체 사이에 유전체를 운반하는 중요한 역할을 자임한다. 사실 지구에 태반 포유류가 등장할 수 있는 중요한 계기를 마련해준 것 역시 바이러스였다. 자신의 유전체를 숙주 안으로 들여보내기 위해 바이러스 융합 단백질을 포유동물의 유전체 안으로 옮긴 사건이 생명체 역사의 어느 순간에 벌어진 것이다. 태반이 암컷 포유류 자궁 내막에 문자 그대로 '융합'되는 일이 일어났다. 그뿐만이 아니다. 사실 인간의 유전체 상당 부분은 바이러스에서 비롯되었다. 2016년 스탠퍼드 대학의 연구진은 24종의 포유동물에서 지금까지 바이러스와 결합한다고 알려진 단백질, 약 1,300개의 아미노산 서열을 비교 분석해보니 인간 단백질의 30퍼센트가 바이러스에 적응해온 강한 흔적이 보였다는 연구 결과를 발표하기도 했다. 인간 단백질이 우리가 생각했던 것보다 훨씬 폭넓게 바이러스의 영향을 받았다는 것이다. 다소 과장되기는 했지만 이 논문은 바이러스가 인간 진화를 가능케 한 '드라이버(driver)' 역할을 했다는 논평과 함께 항간에 회자되었다.

마스크를 쓰고 자주 손을 씻어서 바이러스의 범접을 막아야 한다고 호들갑을 떨기는 하지만 사실 바이러스는 인간에게 관심이 없다. 가던 길에 우연히 박쥐나 닭 혹은 인간을 만난 것뿐이다. 농작물을 재배하고 가축을 사육하며 집단을 이루어 살게 된 인간은 이전보다 더 자주 바이러스를 소환해냈다. 바이러스 역시 빠르게 변신한 후 더 강한 모습으로 인류 앞에 등장하곤 했다. 이들은 자신의 유전체를 보전하기 위해 할 수 있는 모든 일을 다 한다. 우리 인간도 마찬가지다. 우리의 면역계는 강인하지만 가끔씩 이들 바이러스에게 무릎을 꿇

기도 한다.

이렇듯 우리 유전체는 인간이라는 구조물의 청사진이기도 하지만 거기에는 다른 생명체들과의 투쟁의 역사가 생생히 살아 숨쉰다.

기침

눈높이에서 가지가 갈라지고 위로 오르면서 촘촘하지만 더 가는 줄기를 가진 느티나무를 보며 나는 뿌리에서 물관을 거쳐 비상하는 물을 상상한다. 물이 줄기의 가장 높은 곳까지 도달하기 위해서는 위로 오를수록 점점 더 커지는 물관의 저항을 무너뜨려야 한다. 나무는 줄기와 물관의 표면적을 보존하는 방식으로 이 난제를 해결했다. 본줄기의 단면적과 거기서 갈린 두 줄기 단면의 면적이 같아야 한다는 뜻이다. 일찍이 레오나르도 다빈치도 이런 사실을 파악하고 그림으로 기록을 남겼다. 아직 잎이 나지 않은 느티나무 형상을 머릿속에서 거꾸로 뒤집어 보면 목 아래 기관에서 갈라지는 기관지 모습이 떠오른다. 기관은 지름이 약 1.5센티미터이며 후두 아래로 10센티미터 정도를 내려간 다음 좌우 기관지로 갈라진다. 그 기관지는 15~23차례 더 나뉘다가 포도송이 모양의 작은 폐포에 연결된다.

대략 1.1킬로그램인 허파에는 3억 개 정도의 폐포가 있으며 이들 내부의 전체 표면적은 얼추 25평이 넘는다. 놀랄 만큼 넓다. 소화된 음식물을 몸 안으로 받아들이는 소장의 표면적은 이보다 더 넓어서 테니스장 크기에 이른다고 한다. 먹는 일이나 숨쉬는 일 그 어느 것 하나 녹록한 게 없다. 그렇다면 우리가 숨을 쉬는 까닭은 무엇일까?

심장이나 혈관과 같은 중간 기착지를 지난 공기, 특히 산소는 세포 안으로 들어와서 물질대사의 마무리 작업에 착수한다. 쉼 없이 영양소인 탄수화물이나 지방을 태우는 것이다. 그러한 느린 연소 과정에서 최종적으로 만들어지는 물질은 공교롭게도 물이다. 이것저것 중간 단계를 다 떼고 결론만 말하면 우리의 허파가 1분에 약 16번 산소를 들이마시는 이유는 물을 만들기 위해서다. 물론 그 사이사이 에너지 통화인 ATP와 이산화탄소를 만들어내기도 한다.

허파로 들어온 기체 형태의 산소는 혈액이라는 액체 매질을 통해 전신의 세포에 전달된다. 하지만 공기를 통해 들어오는 것은 산소만이 아니다. 그냥 '아이쇼핑'하는 무심한 손님처럼 지나가는 질소도 있다. 미세먼지도 자주 들어온다. 잘 보이지는 않지만 공기 중을 떠도는 세균이나 미생물들도 숨을 들이켤 때마다 우리 몸 안으로 침투한다. 이때 기도의 상피는 점막을 잔뜩 만들어 끈끈이주걱처럼 먼지나 미생물을 붙들었다가 밖으로 내보낸다. 섬모라는 세포 표면의 기관이 1초에 약 16차례 격렬하게 움직인 결과이다. 이러한 일은 평소에도 벌어지지만 호흡기 계통에 화학적 혹은 물리적 자극이 오면 보다 극적으로 호흡 과정이 달라진다. 방어적 반사(reflux)작용이라고 칭하는 기침이 바로 그런 행위이다. 물이 더러우면 잠시 공기의 순환을 멈추고 아가미에 낀 불순물을 밖으로 뿜어내는 물고기조차도 기침을 한다 하니 대부분의 포유동물이 기침을 하리라 짐작할 수 있다. 하지만 흔히 사용하는 실험동물인 쥐는 기침을 하지 않는다고 한다. 그 이유는 잘 모르지만 쥐는 뭔가 다른 방식으로 폐로 들어오는 입자들을 제거하리라고 과학자들은 짐작한다.

사실 기침은 크게 세 가지 동작으로 구성된다. 먼저 숨을 들이마신다. 효과적으로 기침할 수 있도록 공간을 확보하는 작업이다. 다음은 후두를 닫아걸고 흉강과 횡격막 그리고 복막을 수축시켜서 흉강 내부 압력을 최대로 끌어올린다. 마지막으로 통로를 열고 큰 소리와 함께 공기를 몸 밖으로 내보낸다. 여러 종류의 근육을 동원해서 우리 신체는 흉강 내부의 압력을 높이는 데 공을 들인다. 그 압력이 충분히 높아야 기관지 상피에 붙은 점액이 떨어질 수 있기 때문이다. 격하게 기침할 때 분출되는 공기는 비행기보다 더 빨리 날아간다. 무려 시속 800킬로미터이다. 그렇기에 근육의 힘이 부족하거나 오랜 천식으로 기력이 떨어진 사람들에게는 기침하는 일도 쉽지는 않다.

과학자들의 부단한 연구 덕에 우리는 기침 반사가 어떻게 진행되는지 알고 있다. 고추의 주성분인 캡사이신을 감지하는 수용체는 우연히도 외부에서 들어오는 화학물질 또는 미생물 감염에 의해 생체 내부에서 만들어진 물질에 반응한다. 알싸한 고추를 먹고 기침을 했던 기억을 떠올려보자. 화학물질 외에도 소화계에 가해지는 물리적 자극에도 우리는 기침을 한다.

이처럼 기침의 생리학적 과정에 대해서는 비교적 소상히 알고 있지만 사실 우리는 왜 기침을 하는지에 대해서 정확히 알지 못한다. 기침을 억제하는 약물이 염증성 질환을 더 오래 지속시킨다는 연구 결과를 보면 얼핏 기침은 인간에게 이로운 행위처럼 보인다. 그러나 천식이나 상기도 감염 증상인 백일해처럼 기침으로 인한 과도한 반응이 일어나기도 한다. 일부 진화생물학자들은 우리 인간의 몸에 침입한 바이러스나 세균이 자신이 살아갈 공간을 확보하기 위해 숙주를 '조종'하여 기침을 하게 한다고 말하기도 한다. 환자가 잘 움직이고 자주 기침을 해 자신의 분신이 섞인 비말을 주변에 많이 퍼뜨릴수록 감기 바이러스가 살아남을 확률이 커지기 때문이다.

은연중일망정 바이러스들은 자신의 생존과 번식에 인간의 약점 몇 가지를 최대한 이용한다. 시간당 평균 16번 손으로 얼굴을 만지는 인간의 습관도 그중 하나이다. 매사추세츠공대(MIT)의 리디아 부루이바는 강하게 기침을 하거나 재채기를 할 때 비말이 무려 8미터까지 날아갈 수 있다는 연구 결과를 발표했다. 목청껏 소리 높여 수다스럽게 말을 하면 입을 통해 나오는 비말의 수가 50배까지 늘어날 수 있다는 연구 결과도 2019년에 나왔다.

코로나19의 유행으로 기침 한 번 하기 쉽지 않은 요즈음이다. 앞다퉈 꽃은 피는데 봄은 유난히 더디 온다.

엄마가 물려준 미토콘드리아

대물림은 '닮음'을 지속하는 과정이다. 자식은 부모를 닮게 마련이다. 닮았다곤 해도 자식은 부모와 꼭 같지는 않다. 바로 이 '같지 않음' 때문에 지구가 생물학적으로 다양성을 띠는 것이다. 좀 더 자세히 살펴보면 저 대물림의 주체는 세포다. 지구에 사는 78억이 넘는 인간은 단 한 명의 예외도 없이 하나의 세포로부터 시작했다. 엄마로부터 하나, 아빠로부터 하나 이 두 개의 세포가 합쳐져 하나 된 세포인 수정란으로부터 인간은 발생을 시작한다. 한 개의 세포가 두 개가 되고 그것이 다시 네 개, 여덟 개…… 이런 식으로 아홉 달이 지나야 비로소 하나의 인간이 탄생하게 된다.

늘 그렇지는 않지만 한 세포가 두 개가 될 때에는 세포가 가진 가구 일습을 두 배로 불린 다음 그것을 공평하게 반으로 나누어 갖는다. 그렇게 세포는 서로 닮는다. 이제 나눠 갖는 세포의 가구 면면을 살펴보도록 하자. 대물림을 얘기할 때 우리가 가장 먼저 떠올리는 유전자는 고이고이 포개져 핵 안에 보관된다. 이 유전자에 담긴 정보를 풀어 단백질 노동자를 만드는 장소는 소포체다. 단백질을 만들 때 쓰이는 에너지는 주로 미토콘드리아가 공급한다. 그래서 우리들은 흔히 미토콘드리아를 세포 내 발전소로 비유한다. 그것 외에도 단백질을 가공하는 골지체와 생체 물질의 재활용을 담당하는 리소좀이 있다.

이런 가구를 하나도 구비하지 못한 채 오직 산소만 운반하는 적혈구가 있기는 하지만 인간의 세포 대부분은 저런 세포 소기관 가재도구를 가지고 살아간다.

우리 인간은 부모로부터 세 종류의 유전 정보를 물려받는다. 엄마와 아빠로부터 물려받는 각각 한 가지의 유전체는 쉽게 짐작할 수 있을 것이다. 하지만 미토콘드리아도 자신만의 독특한 유전체를 가지고 당당하게 한몫 끼어든다. 바로 여기에 생물학의 가장 미묘한 수수께끼가 숨어 있다. 미토콘드리아는 '불균등하게도' 오직 모계를 통해서만 대물림되기 때문이다. 다시 말하면 미토콘드리아는 난자를 통해서만 후대로 전달된다. 따라서 아들만 있는 엄마의 미토콘드리아 유전체는 궁극적으로 진화의 무대에서 가뭇없이 사라진다.

왜 미토콘드리아가 문제가 될까? 그것은 인간이 물질과 에너지를 계속해서 공급해주어야만 존재할 수 있는 체계이고 우리가 먹은 음식물은 최종적으로 미토콘드리아에서 화학적 에너지로 전환되기 때문이다. 전기가 없는 세상을 상상해보면 미토콘드리아의 위력을 능히 가늠할 수 있다. 앞에서 발전소에 비유했던 점을 떠올리면 짐작할 수도 있겠지만 미토콘드리아에서 평생 계속되는 에너지 생산 과정에는 한 가지 결정적인 약점이 있다. 미토콘드리아 안에 전자 고압선이 흐르기 때문이다. 피복이 벗겨진 채 운반되는 전기가 위험하듯 자리를 벗어난 미토콘드리아의 전자들은 세포 안팎의 단백질과 지질 혹은 유전자 가릴 것 없이 공격할 수 있다. 흔히 우리가 활성산소라 부르는 것의 실체가 바로 궤도를 '벗어난' 전자이다.

인간이 가진 수백 가지 세포 중 유일하게 육안으로 볼 수 있는 난자 안에는 미토콘드리아가 가득 들어차 있다. 자신의 유전자와 함께 엄마는 그 미토콘드리아를 자식에게 물려준다. 한 달에 한 번씩 난소를 나온 난자는 나팔관이라 불리는 길을 따라 움직인다. 중도에서 수정이 이루어지고 나서도 자궁까지 오는 데 며칠이라는 시간이 더 걸린다. 머나먼 거리를 움직이지만 그동안 난자는 거의 에너지를 만들지 않는다. 앞에서 설명했듯 에너지를 만드는 동안 불가피하게 미토콘드리아 안에서 활성산소가 만들어질 수도 있기 때문이다. 따라서 난자는 활성산소가 미토콘드리아 유전자를 공격하여 태아에게 심각한 손상을 입힐 여지를 원천적으로 봉쇄하는 대물림 방식을 채택했다.

그렇다면 나팔관을 따라 난자를 움직이는 힘은 어디에서 비롯될까? 그것은 바로 섬모(纖毛, cilia)라 불리는 또 다른 세포 소기관의 움직임에서 나온다. 숨쉴 때 공기에 섞여 들어오는 미세먼지를 붙잡아 점액과 함께 몸 밖으로 내보내는 일을 담당하는 것이 기도(氣道) 세포의 섬모이다. 마찬가지로 나팔관에서도 갈대 이삭처럼 늘어선 섬모가 일사불란하게 한 방향으로 움직이면서 난자를 이끌어간다. 난자는 거의 움직이지 않고 에너지 사용을 극소화하면서 행여나 미토콘드리아나 난자에 들어 있는 유전체가 다치지 않을까 노심초사한다. 그렇게 금지옥엽처럼 고이 간수한 미토콘드리아를 물려받은 수정란은 아홉 달 동안 완결체로 자라난다. 분열하여 그 수를 늘릴 수 있기 때문에 난자에서 온 종잣돈 미토콘드리아는 태아의 몸을 구성하는 세포 안에서 쉼 없이 에너지를 만드는 평생 사업에 종사하게 된다. 이렇게 일사불란한 한 방향 섬모의 움직임에 기댄 난자의 미동 없음 덕분에 우리는 세상에 태어난다.

굶주린 인간세포의 생존 본능

정치적 주장이나 종교적인 신념을 관철하기 위해 간혹 사람들은 단식을 한다. 한두 끼는 몰라도 나는 여러 날 굶어본 적이 없고 앞으로도 그럴 생각이 없다. 아마 대부분의 사람들이 나와 비슷한 생각을 하며 살아갈 것이다. 하지만 젊은 날 나는 단식을 하던 장인어른 앞에서 회 한 접시에 두 병의 소주를 꿀꺽 한 '인정머리 없는' 짓을 자행한 적이 있었다. 그때 그분은 나중에 '맛있게 먹기 위해' 지금 단식을 하노라고 말씀하셨다. 매우 흥미로운 얘기였지만 당시에는 별 생각 없이 지내다가 나중에 미국에서 실험하는 도중에 그 말을 되새기는 계기가 우연히 찾아왔다.

아마 2005년이었을 게다. 누구라도 그렇듯 실험하는 사람들은 자신의 분야에서 진행된 최신의 연구 결과물을 열심히 찾아다닌다. 인터넷을 통해 새롭게 발표된 논문을 읽는 게 주된 일과가 된 것이다. 어쨌든 그때 읽었던 논문은 24시간 동안 굶은 섬유아세포에 관한 이야기였다. 하지만 그것은 생명의 역사 내내 배불리 먹은 경험이 없기에 동물들이 굶는 일에 잘 적응되어 있다는 따위의 슬픈 사연은 아니었다. 대신 배양액에 혈청이 없어 굶주린 세포 표면에서 안테나 같은 뭔가가 돌출된다는 내용이었다. 돌출된 세포 소기관은 흔히 섬모라고 불린다. 보통 이 소기관은 노잡이처럼 단세포인 짚신벌레를 움직이게도 하지만 기도의 상피처럼 고정된 세포에서는 먼지나 세균을 붙잡은 점액을 목 밖으로 밀어내기도 한다. 그러나 당시 《최신 생물학》에 실린 논문에서 연구자들이 사용한 세포는 섬모를 써서 움직이는 능력은 없었다.

과학자들은 세포의 표면에 돌출된 안테나 모양의 섬모를 운동과 결부된 소기관과 따로 구분하여 일차(primary)섬모라고 부르기 시작했다. 꼬리를 움직여 정자가 움직일 때 또는 기도 상피세포가 섬모를 움직여 점액을 운반할 때 관여하는 단백질 묶음은 본질적으로 같다. 움직임을 담당하는 축(axis) 구조가 없는 일차섬모는 세포 안에서 주로 감각과 관련된 일을 하는 것으로 알려졌다. 그렇다면 2005년 논문에 등장했던 세포는 과연 무엇을 감지한 것일까? 분명 세포는 배양액의 영양소가 '적음'을 감지했을 것이다. 그 뒤 《셀》이라는 저널에 게재된 연구 결과에 따르면 혈청을 다시 공급받은 세포 표면에서 일차섬모가 눈 녹듯이 사라졌기 때문이다. 즉 일차섬모는 굶주린 세포의 표면에서만 형성된 것이다. 그 뒤로 다양한 종류의 세포에서 일차섬모가 발견되었다. 심지어 지방을 저장하는 세포에서도 그 존재가 밝혀졌지만 섬모는 주로 우리의 감각기관에서 쉽게 찾아볼 수 있다.

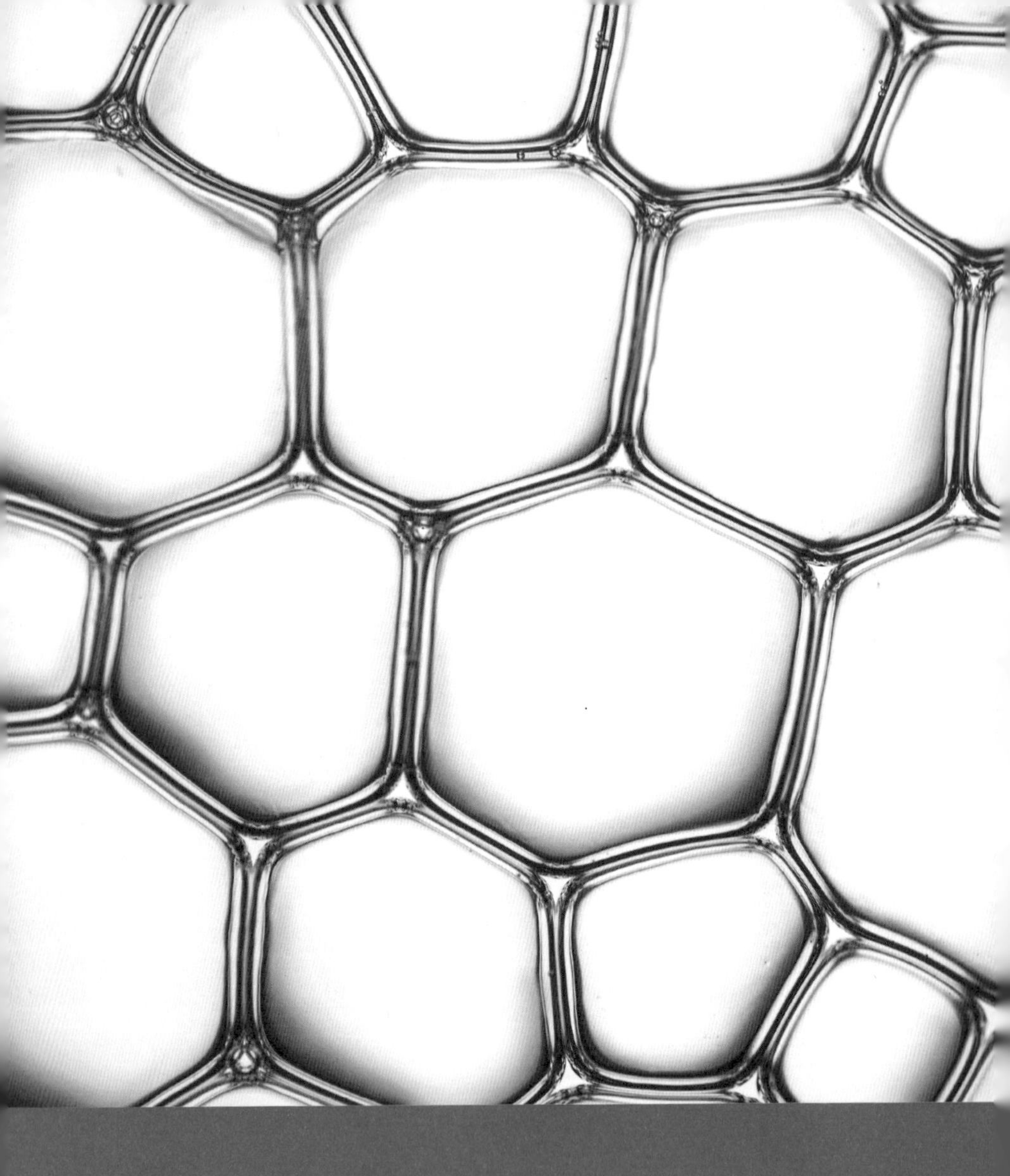

단식은 다세포 생명체를 구성하는 모든 단세포들이 함께 겪는 고통이다.

따라서 모든 단세포들도 할 수 있는 모든 수단을 동원하여 먹고 살아야 한다.

먹을 것이 부족할 때 세포는 표면에 안테나 같은 섬모를 삐죽이 내밀고

먹을 것을 감지하고, 세포 내부에서는 당장 필요 없는 단백질이나

미토콘드리아와 같은 영양소를 먹어치우며 위기를 헤쳐간다.

밝고 어두움을 감지하거나 색상을 구분하는 눈의 세포들도 표면에 섬모가 있다. 평형을 담당하는 귀의 세포 및 후각을 담당하는 세포들 모두 섬모에 의지해 자신의 소임을 묵묵히 수행한다.

이런 정보를 바탕으로 나는 단식을 하는 사람들의 감각이 극도로 예민해진다는 사실을 알게 되었다. 예전에 나랑 마주했던 어른도 단식에 따른 생리적 변화가 바로 저 감각의 예민함에 있다고 말한 적이 있었다. 먹을 것이 부족한 환경의 변화를 인식한 세포들이 온갖 감각을 동원하여 먹을 것을 찾으려는 시도를 할 것이라는 정황이 익히 연상되는 것이다. 개별 세포도 그 세포의 집결체인 생명체도 모두 긴급한 상황에 대응하고자 애를 쓴다.

이렇듯 굶으면 세포 표면에서 형태학적인 변화가 일어나지만 세포 안에서는 자기소화(自己消化, autophagy)라는 세포 과정도 진행된다. 스스로(auto) 먹는다(phagy)는 뜻의 이 과정은 당장 긴요하지 않은 낡은 단백질이나 손상된 세포 소기관을 처분하여 세포가 굶주림을 모면하는 행위를 가리킨다. 효모에서 이러한 현상을 오랫동안 연구한 일본의 오스미 요시노리 박사는 2016년 노벨 생리의학상을 받기도 했다. 오스미 연구팀은 자기소화에 관계되는 유전자를 없애버린 몇 송류의 생쥐 새끼가 고작 12시간밖에 살지 못한다는 사실을 발견했다. 탯줄을 통해 어미로부터 영양분을 더 이상 공급받지 못하는 생쥐의 새끼가 초유를 먹기 전까지 자기 스스로 영양소를 충분히 확보할 수 없었던 까닭이다.

사람의 신생아도 마찬가지다. 출산 직후 신생아의 혈중 포도당의 양을 측정한 연구에 따르면 혈액 안의 포도당은 1시간이면 바닥으로 떨어진다. 정상적인 신생아들은 간에 저장된 글리코겐을 분해하여 혈중 포도당의 양을 회복하고 자기소화 과정을 통해 아미노산을 충당할 수 있기 때문에 별 문제를 겪지 않는다. 그러나 신생아에 대한 영양 공급이 늦어지거나 자기소화 능력에 조금이라도 문제가 생기면 그야말로 절체절명의 위기가 닥칠 수 있다.

성인들도 하루 정도 굶으면 간에 저장된 창고에서 뇌가 사용할 포도당을 우선 갹출하고 자기소화를 진행하여 아미노산을 충당한다. 하지만 근육에 저장된 글리코겐을 에너지원으로 사용하지는 못한다. 본디부터 그렇게 진화되었기 때문이다. 동물의 근육에 저장된 포도당 덩어리는 포식자 동물로부터 재빠르게 도망치거나 먹잇감을 쫓기 위해 비축된 것이며 다른 목적으로 양도할 수 없는 에너지원으로 자리 잡았다. 잠깐 굶더라도 우선은 살아남아야 하는 것이다. 그러다 굶는 시간이 길어지면 근육단백질, 나중에는 지방산을 분해하여 입맛 까다로운 뇌를 먹여 살린다.

굶주린 세포 혹은 생명체가 일차섬모를 만들어내는 동시에 자기소화를 진행하기도 한다면 이 두 과정 사이에는 무슨 연관성이 있을까? 최신 연구에 따르면 이들 두 과정은 서로를 필요로 한다. 섬모가 없으면 자기소화 과정이 원활하게 진행되지 않고 그 반대도 마찬가지라는 의미이다. 아직 정확한 생물학적 전모를 파악하지는 못했지만 뇌와 주변 기관 모두에서 벌어지는 이런 상호 작용이 중요한 의미를 띠는 이유는 일차섬모가 '실질적으로' 인간의 모든 세포에서 발견된다는 사실을 최근 들어서 비로소 알게 되었기 때문이다.

이런 상황에 접하면 나는 자주 뇌까린다. 우리는 도대체 무엇을 얼마나 모르고 있는 것일까? 과학의 길은 참 멀고도 멀다.

매미와 미생물 공생체

바깥은 지금 잠자리가 날고 매미가 울기 시작했다. 한여름을 알리는 전령사 곤충들이다. 키 높이 웃자란 나무에서 먹을 것을 찾기 위해 약 3억 년 전 고생대 중기 데본기에 곤충의 날개가 진화했다는 소리를 어디선가 들었다. 최초로 지구 상공을 점령한 곤충은 기세등등하게 자신들의 세계를 펼쳐 나갔다. 전체 동물계의 약 70퍼센트를 차지하는 곤충은 전 세계적으로 1,000만 종에 육박하고 우리가 상상할 수 있는 지구의 어디에서도 그들을 발견할 수 있다.

우리에게 친숙한 매미의 옛 이름은 '매암'이다. 매미의 울음소리가 곧바로 이름이 되었음은 쉽사리 짐작할 수 있다. 소수(素數)를 아는 '수학자' 곤충이라는 명성에 걸맞게 매미는 홀수년에만 등장하는 것으로 유명하다. 한국에 서식하는 13종의 매미 중에서 참매미와 유지매미는 5년을 주기로 지상에 나온다. 왜 그런 독특한 행동을 매미가 진화시켰는지에 대해서는 두 가지 재미있는 가설이 있다. 첫 번째는 천적 가설이다. 눈에 보이는 매미를 먹잇감으로 삼는 새나 동물을 피하기 위한 전략이라는 말이다. 하지만 천적이 소수년, 평년 가릴 것 없이 주변에 존재한다면 매미의 저런 전략은 하등 쓸모가 없어진다. 그래서 등장한 것이 먹잇감 경쟁 가설이다. 같은 생태 지위 안에 살아가는 서로 다른 종의 매미들끼리 먹이 경쟁을 피하기 위해서 자신만의 주기를 가지게 되었다는 것이다. 가령 같은 지역에 수명주기가 5년인 매미와 7년인 매미가 산다면 이들 두 매미가 동시에 활동하는 시기는 35년마다 한 번씩 찾아오게 된다. 그렇지만 이 설명은 매미 말고도 엄청난 수의 동물과 곤충들이 동일한 공간을 두고 경쟁한다는 점을 생각해보면 다소 궁색해진다.

곤충은 어린 시절과 성충일 때 먹잇감이 다르다. 하긴 생각해보면 우리 인간도 신생아들에게 그들만의 먹잇감을 따로 장만했다. 젖이 그것이다. 그래서 인간을 포유류라고 부르지 않던가? 하지만 식재료만 두고 보았을 때 인간과 매미의 생활사에는 결정적인 차이가 있다. 신생아에게 젖을 먹이는 시기는 길어야 3년이다. 그 시기가 지나면 젖당을 분해하는 효소가 활성을 잃기 때문이다. 그리고 나머지 대부분의 시기는 젖이 아닌 다른 음식물을 먹는다. 하지만 매미는 성체로 살아가는 기간이 기껏해야 한 달인 반면 애벌레로 꽤 오랜 시간을 땅 아래에서 지낸다.

성체로서 매미가 지상에 머무는 동안 해야 할 가장 중요한 일은 짝짓기를 하고 나무 껍질 안쪽에 알을 낳는 일이다. 일 년 뒤 알에서 부화한 애벌레는 나무에서 내려와 한 자나 되는 땅속에서 살아간다. 매미 애벌레가 주로 먹는 것은 식물의 뿌리가 흡수한 수액이다. 그 수액을 먹고 몇 년을 살아가야 하는 것이다. 뿌리가 땅에서 흡수한 수액에는 애벌레가 살아갈 영양소가 무척 부족하다. 이에 매미 애벌레가 선택한 전략은 공생체 미생물을 몸 안으로 끌어들이는 일이었다. 이 미생물은 애벌레가 필요한 아미노산과 비타민 등을 제공하는 대신 식재료와 생활공간을 제공받는다. 이런 연합이 맺어지는 순간 애벌레 숙주와 공생체는 운명 공동체가 된다.

2018년 일본 쓰쿠바 대학의 다케마 후카쓰 연구진은 일본에 서식하는 24종의 매미 몸 안에 살아가는 공생체를 연구해서 그 결과를 《미국국립과학원회보》에 게재했다. 술시아(Sulcia)라는 미생물은 24종의 매미 모두에서 발견되었고 매미 몸 안에서 몇 종류의 아미노산을 합성하는 역할을 담당하고 있었다. 다른 한 종의 미생물 공생체는 일부 매미들만 가지고 있었다. 하지만 재미있는 사실은 저 공생체가 없는 매미 몸에는 효모와 비슷한 곰팡이 기생 생명체가 득세하고 있는 것처럼 보인다는 점이었다.

매미 생활사에 곰팡이 기생체는 아주 일찍부터 자신의 존재를 드러낸다. 나무에서 떨어진 애벌레가 땅을 파고 들어가는 동안 이 곰팡이가 침입하기 때문이다. 이 곰팡이는 몇 년을 애벌레와 살다가 성체로 변하기 전에 자실체를 싹 틔우고 포자를 땅에 뿌려댄다. 이것이 고가의 한약재로 쓰이는 동충하초(冬蟲夏草)의 실체이다. 애벌레와 기생체 사이의 줄다리기 결과가 매미의 진화적 운명을 결정하는 것이다. 무슨 일이 일어나는지 알 수는 없지만 애벌레는 저 곰팡이를 구슬려서 친구로 만들기도 하는 모양이다. 대개 기생체들은 안락한 환경에 안주하면서 자신의 유전 정보를 허술하게 관리한다. 그러면 숙주와 자신의 목숨이 위태로워진다. 아미노산을 합성하는 효소 유전자가 고장 나면 숙주도 공생체도 살아갈 수 없을 것이기에 그렇다. 바로 이 절체절명의 순간에 숙주 애벌레는 기생체 곰팡이를 공생체로 돌리는 전략을 개발해낸 것이 틀림없다. 결론적으로 말하면 영원한 기생체도 없고 영원한 공생체도 없는 것이다. 소임을 다한 공생체는 새로운 공생체로 대체되고 저 효모 비슷한 곰팡이는 애벌레 숙주를 위해 아미노산과 비타민을 생산하고 있었다. 반면 동충하초는 싹트지 못한 채 사라지고 만 것이다.

나무껍질에 자신의 모습이 선명하게 새겨진 허물인 선퇴(蟬退)를 남기고 탈바꿈에 성공한 매미는 땅속에서 펼쳐진 곰팡이와의 오랜 투쟁에서 승전보를 쟁취한 자들이다. 크게 울 만한 자격이 넘친다. 더위에 매미 울음마저 지쳐갈 무렵에야 가을은 온다.

자리를 지키다, 빼앗다

북극성은 영어로 폴라리스(polaris)다. 한반도의 밤하늘에서 볼 수 있는 북두칠성과 카시오페이아 별자리 중간쯤에 있다고 알려진 북극성은 길 잃은 사람의 길라잡이 역할도 하는 붙박이별이다. 언제나 그 자리에 있기 때문에 그런 역할을 할 수 있었을 것이다. 세포라는 집을 구성하는 가재도구 중 하나인 섬모를 연구하던 10여 년 전 내가 관심을 기울였던 단백질의 이름도 폴라리스였다. 이 단백질에 문제가 있으면 발생 과정에서 몸통의 좌 · 우측 배치가 달라진다니 세포 안에서도 폴라리스가 길라잡이 역할을 톡톡히 하는 모양이다. 세포생물학에서 우리들은 특정한 단백질이나 혹은 세포 내 소기관이 있어야 할 자리에 꼭 있어야 한다는 의미를 강조할 때 극성(polarity)이라는 용어를 사용한다.

인체의 바깥쪽 표면인 피부나 몸통 내부를 관통하는 소화기관의 표면을 구성하는 상피세포들은 빈틈없이 닫혀 있어야 한다. 상처가 나면 아프기도 하지만 세균이나 곰팡이가 침범하기도 쉽다는 점을 우리는 경험적으로 잘 알고 있다. 하지만 세포들끼리 서로 밀착하여 닫혀 있기 때문에 세포의 위쪽 면과 아래쪽 그리고 측면의 환경이 서로 각기 달라진다. 피부 세포의 바깥막은 공기와 맞닿아 있지만 측면은 이웃하는 세포의 측면과 바짝 달라붙는다. 점액을 밖으로 밀어내는 먼지떨이 모양의 섬모는 기도 상피세포의 바깥 면에만 분포되어 있다. 거기가 아니면 섬모의 존재 이유가 없기 때문이다. 상피세포의 바깥쪽 막에 섬모가 존재할 때 극성이 잘 유지되고 있다고 말한다.

전통적으로 화학자들은 물을 대표적인 극성 물질이라고 말해왔다. 수소 2개와 산소 1개로 이루어진 물 분자 안에서 전자를 갈구하는 산소 부근에 전자가 밀집되어 존재하기 때문이다. 수소 쪽에는 전자의 밀도가 적고 따라서 두 원소 간의 전기적 성질이 달라진다. 물의 바로 이런 극성 때문에 소금쟁이가 수면 위를 가볍게 뛰어다니고 100미터에 이르는 미국삼나무 꼭대기까지 물이 공급된다고 말한다. 이렇게 보면 살아 있는 생명체에서나 그 생명체 안을 채우고 있는 화학물질 모두에게서 극성은 무척 중요해 보인다.

그렇다면 극성은 언제 깨지게 될까? 가장 대표적인 사례는 이른바 '상피진피 전이'일 것이다. 이 용어는 대열을 벗어난 상피세포가 노마드 진피세포로 변했다는 뜻을 포함하고 있다. 이웃하는 세포와 오롱이조롱이 붙어 해독작용을 담당하던 육각형 모양의 간세포가 외씨버선 모양의 진피세포로 날렵하게 탈바꿈한 뒤 혈관을 타고 폐에

둥지를 틀게 되면 간세포로서 자신의 정체성은 완전히 사라지게 될 것이다. 암 생물학자들은 이런 상황을 보고 암세포가 폐에 전이되었다고 말한다. 세포를 연구하는 사람들은 간에서 붙박이로 해독작용을 하던 간세포의 극성이 깨졌다는 표현을 선호한다.

소화기관에서 몸통 안으로 들어온 포도당은 총길이 10만 킬로미터인 인간의 혈관을 따라 돌면서 영양소가 필요한 세포 안으로 들어가야 한다. 세포 해부학적 측면에서 보았을 때 이 말은 혈액과 맞닿은 혈관내피세포 표면에 포도당 운반 단백질이 자리 잡고 있어야 한다는 의미를 지닐 뿐이다. 원래 있어야 할 장소를 벗어나면 포도당을 운반해야 할 이 단백질의 쓰임새가 가뭇없이 사라지기 때문이다.

곰곰이 생각해보면 자리를 지켜야 하는 것은 세포나 단백질만이 아니다. 가령 가장 따뜻할 때조차 평균 기온이 10도도 되지 않는 툰드라 지대에 사는 모기들이 사라지면 무슨 일이 생길까? 이곳 물웅덩이 모기 유충들은 썩은 이끼를 분해하는 청소동물이자 물고기들의 먹잇감이다. 성충 모기들은 순록의 피를 빨아 먹는다. 극성스러운 모기떼를 피해 순록은 바람을 거슬러 움직인다. 그러므로 모기가 사라지면 순록의 이동 경로가 달라질 것이고 이들을 쫓는 늑대들의 생존 전략도 분명 달라져야 할 것이다. 그뿐 아니라 모기 유충을 먹이로 삼던 물고기들이 굶주림을 면치 못하는 상황이 찾아오리란 것도 충분히 예측할 수 있다.

세포생물학에 '극성polarity'이라는 용어가 있다.
특정한 단백질이나 세포 내 소기관이 있어야 할 자리에
꼭 있어야 한다는 의미이다. 생각해보면 자리를 지켜야 하는 것은
세포나 단백질만이 아니다. 사라져가는 동식물,
서식처를 잃어가는 생명체들의 극성은 누가 지켜줄까?

한때 병목 단계를 지나올 정도로 존립 자체가 위태로웠다던 인류는 현재 78억 명을 넘어섰다. 그 결과 마천루가 늘어선 대도시들이 남북반구 온대지방을 따라 난립하고 있다. 특히 북위 30~50도 지역은 그야말로 인간과 그들의 콘크리트 안식처로 가득 찼다. 그 덕택에 원래 있어야 할 곳을 잃은 말 못 하는 수많은 생명체들이 고통을 겪는다. 대전의 동물원을 탈출했던 퓨마 '호롱이'는 네 시간 동안 자신이 의당 누려야 했을 '극성'의 안온함을 온전히 만끽했을까? 닷새 동안 100킬로미터를 이동해 한사코 김천의 한 산을 고집했던 지리산 반달곰은 자신이 있어야 할 최적의 장소를 찾아낸 것일까? 추운 날 도심으로 내려오는 멧돼지들과 인간이 함께 사는 일은 가능할까?

이 모든 상황에서 우리 인간은 단순히 '지구이웃'을 제거하는 가장 손쉽고 이기적인 전략을 자주 선택했다. 구제역에 시달리는 사육 돼지들과 A4 종이 한 장 정도의 공간에서 살던 병든 닭을 그저 땅에 묻어왔을 뿐이다. 다른 모든 생명체의 정당한 서식처를 파괴하면서까지 지켜야 할 만큼 인간의 '극성'은 정말 그리도 고귀한 것일까?

폭염에서 우리를 구할 자, 드라큘라

2018년 10월 17일부터 사흘간 국제 드라큘라 컨퍼런스가 루마니아 브라쇼브에서 개최되었다. 15세기에 드라큘라의 실제 모델이 살았다는 곳에서 멀지 않은 도시이다. 드라큘라의 역사와 신화를 다양한 측면에서 연구하기 위해 1995년부터 국제 대회가 열렸다고 하니 호사스러운 인간의 호기심을 판매하는 시장에서 드라큘라가 제법 상품성이 있는 모양이다. 어쨌든 드라큘라는 유럽의 역사에서 피를 빨아먹는 흡혈귀인 뱀파이어와 생물학적으로 동등한 이미지를 획득했으며 21세기에 들어서도 영화나 이야기 속에서 여전히 위세를 떨친다. 피부가 붉게 달아오르기 때문에 햇빛을 싫어하고 빈혈이 심한 데다 잇몸이 점차 줄어들면서 이가 길어지는 현상에 주목한 의학사가들은 드라큘라가 포르피린증(porphyria)을 앓고 있는 사람들을 의인화한 것이 아니겠느냐고 추정한다. 짐작하다시피 포르피린증은 인간의 몸에 포르피린이라는 물질이 많아서 생기는 증세를 칭하는 의학 용어이다.

화학과 생물의 경계에서 20년 넘게 공부한 내 입장에서 보면 포르피린(porphyrin)은 우리 인류에게 단연 가장 중요한 화합물 중 하나이다. 간단히 숫자로 예를 들어보자. 우리 인간의 몸을 구성하는 기본 단위는 세포이다. 인간이 가진 전체 세포가 약 40조 정도라면 그것의 절반이 넘는 약 25조 개의 세포가 적혈구이다. 순전히 산소의 운반만을 목적으로 진화한 적혈구 안에는 세포라고 규정할 만한 소기관이 아무것도 없다. 유전 정보를 함유하는 핵도 없고 세포 발전소인 미토콘드리아도 없다. 대신 세포 하나당 2억 개의 헤모글로빈 분자가 들어 있다. 헤모글로빈(heme+globin)은 네 개의 글로빈 단백질로 구성되어 있고 글로빈 하나당 한 개의 헴(heme) 분자가 할당된다. 헴이라는 화합물이 글로빈 단백질 하나와 일대일로 결합한다고 보면 된다. 따라서 적혈구 하나에는 8억 개의 글로빈 단백질과 8억 개의 헴이 들어 있다. 적혈구 세포 숫자에 헤모글로빈 분자 수를 곱하면 20,000,000,000,000,000,000,000이다. 0이 무려 스물두 개다. 이 계산에 따르면 우리 몸 안에는 최소한 저만큼의 헴 분자가 들어 있다.

그럼 포르피린은 헴과 무슨 관련이 있을까? 간혹 나는 수업시간에 포르피린의 화학적 구조가 네잎클로버를 닮았다고 비유적으로 말한다. 이 클로버 중앙에 철이 들어가 있는 물질을 우리는 헴이라고 부른다. 헤모글로빈에서 산소와 결합하는 부위가 바로 헴 안의 철이다. 그러니까 헤모글로빈 안에 헴이 그리고 헴 안에 철이 들어 있다고 생각하면 된다. 헴 안의 철 대신, 눈자위 아래가 파르르 떨릴 때 복용한다는 마그네슘이 포르피린 분자에 들어오면 엽록소라는 화합물이 된다. 동물의 몸에서 산소를 운반하는 헴과 태양 복사 에너지를 수확하는 엽록소의 기본 골격이 바로 포르피린이다. 호흡과 광합성이 없는 다세포 생명체가 없듯이 포르피린이나 헴을 만들지 않는 생명체도 존재하지 못한다.

상세한 부분에서 차이가 있기는 하지만 헴은 세균이나 식물, 동물 모두 몇 단계의 복잡한 과정을 거쳐서 만들어진다. 매 단계마다 효소가 일을 한다. 따라서 효소를 만드는 유전자에 돌연변이가 생기면 완제품인 헴의 양이 줄어들 뿐만 아니라 헴 전구체 불량품의 비중도 상대적으로 늘어난다. 바로 이런 상황에서 나타나는 증세를 포르피린증이라고 부르는 것이다. 햇볕 아래에서 단백질 강보에 싸인 헴은 안정적이지만 자유롭게 활보하는 불량 포르피린은 화학적으로 매우 극성스러워서 세포 입장에서는 위험한 물질이 된다. 또 헴이 충분히 만들어지지 않아 헤모글로빈의 재료가 적은 포르피린증 환자는 자주 빈혈에 시달린다.

복잡한 헴 합성 과정에 참여하는 유전자에 문제가 생긴 사람들은 '포르피린증' 증세를 보이며 대부분 햇빛을 꺼린다. 피부 아래 모세혈관에 있는 헴 전구체들이 햇빛을 받아 세포를 자극하기 때문이다. 포르피린증을 앓고 있는 사람들이 햇빛에 노출되면 살기가 괴로워지니까 빛을 피하는 드라큘라의 행동적 특성은 이해가 간다. 십자가를 기피하는 일은 종교적인 이유가 있다고 해도 드라큘라가 왜 마늘을 싫어하는지는 잘 모른다. 최근에 게재된 한 의학 논문을 보면 마늘 성분이 헴을 분해하도록 도와서 빈혈 증세를 더욱 심하게 할 것이기에 이들이 마늘을 피할 것이라는 자못 '비장한' 추론이 실리기도 했다.

좀 생뚱맞긴 하지만 포르피린증을 앓는 사람들은 잘 먹어야 한다. 영양 상태가 좋지 않으면 헴을 합성하라는 개시 신호가 전달되고 그에 따라 포르피린의 양이 늘면서 위험 물질이 축적된다는 연구 결과가 《셀》 자매지에 발표되기도 했다. 이 연구를 진행한 과학자들은 18, 19 두 세기에 걸쳐 장기간 영국을 통치했던 조지 3세의 행적에서 영양 결핍에 따라 악화되는 전형적인 포르피린증 증세를 찾아볼 수 있었다고 말했다. 자극적인 소재에 본격적으로 과학적 잣대를 들이댄 매우 흥미로운 결과이기도 했지만 헴의 존재가 생명체의 '먹고 사는' 일과 밀접한 관계를 맺고 있지 않겠느냐는 새로운 질문을 던진 멋진 연구였다.

2019년 7월 유럽 각지에서 섭씨 40도를 넘는 폭염이 연일 이어졌다. 같은 시기 한국에서도 사람의 체온에 육박할 정도의 더운 날이 계속되었다. 드라큘라처럼 우리도 이젠 여름 햇볕을 피해 다녀야 하나 중얼거리며 멍하니 창밖을 보다 드라큘라의 저변에 깔린 생물학에서 뜨거워지는 지구를 식힐 어떤 묘수를 깨우칠 순 없을까 하는 뜬

금없는 생각이 뇌리를 스쳐갔다.

한번은 '자연에게 묻다(Ask Nature)'라는 웹사이트에서 나미비아 나미브(namib) 사막의 자그마한 다육식물을 보게 되었다. 덥고 건조한 지역에서 자외선의 위험을 피하면서 물을 고수하는 광합성 체계를 손본 생명체들이다. 한반도가 아열대로 간다는 다소 국지적인 염려를 인공 광합성 연구의 추세를 살펴보는 방향으로 풀 수 있지 않을까? 결국 주제는 엽록소로 돌아간다. 앞서 이야기했듯이, 엽록소는 클로버 모양의 포르피린 상자 안에 마그네슘 이온이 들어 있는 구조를 취하고 있다. 따라서 과학자들은 우선 포르피린 상자를 모방한 물질을 합성하거나 자연계에서 찾아내 인공 광합성에 응용하고자 하는 것이다. 이른바 '생체모방(biomimic)'이라 부르는 새로운 연구 주제가 이것이다.

산소와 강하게 결합하는 헴 분자를 개선하여 태양 에너지를 효과적으로 포획하는 동시에 이산화탄소를 고정해온 식물의 엽록소처럼 포르피린 구조를 흉내 낸 모종의 화합물을 합성할 수는 없을까? 선크림을 바르는 대신 하마처럼 자외선을 차단하는 붉은색 색소를 분비하여 태양과 세균으로부터 인류의 피부를 보호할 수는 없을까? 줄기는 모래와 자갈에 꼭꼭 숨겼지만 옥살산 결정의 투명한 유리창을 통해 햇볕을 받아들인 다음 광합성을 수행하는 나미브 사막의 선인장을 어떤 식이든 모방하는 건 어떨까?

전 지구적 차원의 오싹한 납량(納涼) 특집이 절실한 시점이다.

생체모방학과 인류의 생물학적 겸손함

상어와의 수영 경기에서 '수영 황제' 펠프스는 두 번 졌다. 결과론적으로 그렇단 말이다. 직선 주로를 따라 먹잇감을 쫓는 상어는 펠프스보다 100미터를 더 빠르게 헤엄쳤다. 두 번째 패배는 간접적이었다. 2009년 펠프스가 상어의 피부를 본뜬 수영복을 입은 독일의 파울 비더만에게 뒤졌기 때문이다. 비더만이 입었던 수영복은 선수의 몸에 찰싹 달라붙어 마찰을 줄이고 물과 공기의 저항을 최소화했다. 또한 수영을 전혀 못 하는 사람도 물에 뜰 수 있을 정도로 부력을 높이기도 했다.

상어 피부의 미세 구조를 흉내 낸 수영복은 생체모방학(Biomimetics)이라는 학문 분야를 세상의 전면으로 이끌어냈다. 그뿐만이 아니다. 피부에 세균이 살지 않은 것으로 알려진 갈라파고스 상어의 피부 구조를 이용해 병원의 벽지를 개발한 샤크릿 테크놀로지(Sharklet Tech)라는 회사도 생겼다. 항생제 내성 세균이 병원에 잠복해 있는 현실에서 눈에 확 뜨이는 일이 아닐 수 없다. 과학사가들은 도꼬마리 씨앗의 갈고리 모양을 흉내 낸 벨크로가 생체를 모방한 최초의 상품이라는 얘기를 하지만 사실 자연을 모방하는 행위는 이미 오래전에 시작되었으며 인류 전체의 역사와 궤를 같이한다고 보아야 맞을 것이다. 고대 수메르인이 발명한 바퀴도 말똥구리의 모습을 보고 깨우친 결과라지 않던가?

관심을 갖고 뉴스를 보면 생체를 모방한 연구 결과가 무척 다양할 뿐 아니라 흥미롭기도 하다는 사실을 알게 된다. 피부 전체에 퍼져 있는 그물망과 같은 빨대로 모래에서 물을 흡수하는 사막도마뱀도 그렇고 뇌에 충격을 줄이면서 나무에 구멍을 뚫어 벌레를 잡는 딱따구리나 광릉크낙새도 흥미로운 연구 대상이다. 열을 내뿜는 새 부리의 내부 구조를 연구하고 냉장장치를 만들려고 고심하는 과학자들도 있다. 철썩이는 파도에도 아랑곳하지 않고 바위에 붙어 있는 홍합이나 굴의 접착면을 연구하여 물속에서도 떨어지지 않는 접착제를 개발하기도 했다. 개미의 집단 협동 작업의 효율성, 꽁치나 새떼들의 군무도 인간 집단의 생활을 개선하기 위한 중요한 소재거리다. 버섯의 구조를 모방한 의자가 있는가 하면 식물의 잎을 연구하여 실험실에서 광합성을 재현하려는 사람들도 있다.

생체모방학이라는 용어를 처음으로 사용한 사람은 오징어 신경을 연구하여 신경 증폭 장치를 개발한 미국의 오토 슈미트이다. 2000년에 접어들며 과학자들뿐만 아니라 세인들의 관심을 끈 '생체모방'이라는 학문 분야의 확립에 커다란 힘을 보탠 사람은 재닌 베니어스 박사이다. 그녀가 이끄는 웹사이트인 '자연에게 묻다(https://asknature.org)'를 방문하면 매우 흥미롭고 재미있는 정보를 얻을 수 있다. 가령 덥고 건조한 기후에서 기공의 구조를 변화시켜 광합성의 효율을 유지하는 수선화과 '쿠쿠마크랑카(Kukumakranka)'라는 식물에 관한 내용도 자세히 살펴볼 수 있다. 가속화되는 지구 온난화로 인해 한국의 남부 지역이 아열대 기후로 편입된다는 그리 달갑지 않은 소식에 수수방관할 수만은 없기 때문에 우리가 이러한 연구에 관심을 기울이고 적극적으로 지원해야 할 이유는 뚜렷해 보인다.

지질학적으로 오랜 기간 환경에 적응하면서 생명체들은 다양한 생존 전략과 생체 구조를 일궈냈다. 이를 본떠 인간이 해결하기 어려운 문제의 실질적인 해답을 구할 수 있기 때문에 생체모방학에 관심을 기울이는 인간의 행위는 지극히 당연한 일이라고 볼 수 있다. 응용과학자들이나 정책입안자들이 관심을 기울여야 할 부분이다.

하지만 상어 피부의 미세 구조나 며칠씩 잠을 자지 않고 히말라야 산맥을 넘어가는 철새의 비행 방식을 연구하는 일 못지않게 나는 인류가 저 상어나 철새의 안위를 심각하게 걱정해야 한다고 느낀다. 현재 지구상에는 과거 몇 차례 일어났던 대멸종의 시기보다 훨씬 빠른 속도로 생명체가 사라지고 있기 때문이다. 45억 년이라는 긴 역사를 가진 지구의 신참자로서 인류의 생물학적 겸손함이 절실한 순간이다.

오징어와 반딧불, 두 얼굴의 기체

주문진 어시장에 갈 기회가 되면 나는 오징어를 유심히 관찰한다. 피부의 갈색이 옅어지면서 색이 달라지는지 확인하기 위해서다. 우리는 심심풀이 땅콩과 함께 오징어를 흔한 먹거리로 취급하지만 바다에서 유영하는 오징어나 문어 또는 갑오징어가 주변 환경에 따라 계속해서 색을 바꾼다는 사실을 잘 알지 못한다. 이들 두족류 동물은 어두운 바위에 앉으면 진한 갈색으로, 모래 위를 헤엄칠 때는 옅은 모래 빛으로 자신의 피부색을 바꾼다.

2019년 3월 미국 보스턴의 노스이스턴 대학 연구진은 오징어나 갑오징어가 피부 층층이 다양한 색소 주머니를 갖고 있으며 빛의 밝기에 따라 이 소기관의 크기를 변화시켜 색소의 농담(濃淡)과 패턴을 조절한다는 논문을《네이처 커뮤니케이션즈》에 발표했다. 빛을 감지한 오징어의 뇌가 신호를 보내면 색소 주머니를 둘러싼 근섬유가 수축하거나 팽창하는 일이 진행된다. 보호색을 띠는 과정에 오징어의 신경계와 세포 골격 단백질 사이의 협업이 이루어지는 것이다.

이런 연구 결과에 주목하는 사람들은 의외로 군인이나 화장품 업계 종사자들이다. 이들의 목표는 군복이나 전투기의 색을 조절하여 위장술에 사용할 수 있는지 타진해본다거나 빛에 따라 피부의 색조를 조절해보려는 것이다.

신경을 연구하는 사람들은 오징어를 관찰할 때 아마도 글루탐산이라는 신경전달물질에 초점을 맞추겠지만 나는 색소 주머니를 둘러싼 근섬유가 수축하고 이완하는 현상에 주목한다. 한때 내 연구의 주제가 혈관의 수축과 이완에 관한 것이었던 까닭이다.

인간의 몸을 구성하는 근육은 크게 두 종류로 나뉜다. 뼈와 함께 생명체의 이동에 관여하는 골격근과 혈관 혹은 소화기관을 움직이는 평활근이 그것이다. 심장에 혈액을 공급하는 관상동맥이 막히는 협심증 환자들은 급할 때 니트로글리세린(nitroglycerin) 알약을 혀 아래에 집어넣는다. 구강 점막에 녹아 약물의 효과가 빠르게 나타나기 때문이다. 니트로글리세린은 관상동맥 평활근 세포를 이완하여 혈관을 넓히고 혈액이 잘 흐르게 한다.

니트로글리세린은 무기 그리고 의약품이라는 두 가지 얼굴을 가진 흥미로운 화합물이다. 알프레드 노벨은 니트로글리세린을 이용하여 다이너마이트를 제조할 수 있었기 때문에 엄청난 부를 축적할 수 있었다. 이 물질의 의약품으로서의 기능은 아주 우연히 발견되었다. 다이너마이트 제조 공장에서 일하는 노동자 몇 명이 자신들이 일하지 않는 주말에 협심증 증세가 심해진다는 사실을 감지한 것이다. 이 현상에 주목한 임상 의사들은 니트로글리세린을 의약품으로 개발했다. 하지만 정작 협심증을 앓았던 노벨은 니트로글리세린을 약으로 먹지 않았다고 한다. 무기를 약으로 쓸 수 없다고 간주했기 때문이라고도 하지만 훗날 과학사가들의 '펜놀림'일 수도 있다.

재미있는 사실은 니트로글리세린처럼 혈관을 확장하는 물질을 우리 세포가 만든다는 점이다. 혈액을 전신으로 보내 산소를 적재적소에 공급하는 일이 중요하기 때문일 것이다.

에너지를 써서 세포 안의 효소가 만들어내는 혈관 확장 물질은 바로 일산화질소(nitric oxide)이다. 자동차 배기가스에서 나오는 물질을 우리 몸에서 만들고 있다는 점이 다소 의아할 수 있겠지만 사실 우리 세포가 만든 이 기체 화합물은 생성된 곳 근처에서 국소적으로 작용하고 빠르게 분해된다. 그렇기 때문에 필요한 순간에 직면하면 세포는 이 화합물을 즉시 만들어야 한다. 혈관을 확장시켜 산소를 공급할 때 일산화질소는 산소와 협조하지만 늘 그렇지는 않다. 세포 안에서 산소와 경쟁할 때도 있기 때문이다.

가장 극명한 예는 반딧불에서 찾아볼 수 있다. 여름밤을 수놓는 아름다운 반딧불의 정체는 이들 기체 화합물 사이의 경쟁 구도를 여실히 보여준다. 개똥벌레는 세포 호흡에 사용되는 산소를 불씨 삼아 빛을 낸다. 호흡 단백질에 일산화질소가 떡하니 자리를 차지하고 있으면 세포는 산소를 호흡 과정에 사용할 수 없다. 갈 곳 없는 산소가 반딧불 불씨가 되는 것이다. 하지만 이런 상황은 오래 지속되지 못하고 머지않아 곧 반딧불이 꺼진다. 그래서 반딧불은 깜박거린다. 어떻게 이런 일이 일어날까?

2001년 터프츠 대학과 하버드 의과대학 공동연구진은 반딧불의 불빛(lantern) 자체가 호흡 단백질에 자리 잡은 일산화질소를 몰아낸다는 연구 결과를《사이언스》지에 발표했다. 이렇게 산소가 다시 호흡에 참여하면 반딧불 불씨는 가뭇없이 사라지게 된다. 그렇다면 우리는 세포의 호흡 단백질에 결합하는 성질을 가진 화합물이 일산화질소처럼 반딧불을 밝힐 수 있으리라 추론할 수 있다. 동물에 치명적인 독성물질인 청산가리를 소량 처리하면 반딧불이 밝아진다. 청산가리가 세포의 호흡 단백질에 결합하기 때문이다. 연탄가스 중독 물질인 일산화탄소도 호흡 단백질에 찰싹 달라붙어 반딧불의 불씨를 키울 수 있다.

몇 가지 예에서 짐작하듯 대부분의 생명체들은 일산화질소와 일산화탄소를 만드는 효소 단백질이 있다. 세균도 예외는 아니다. 일산화질소는 아르기닌 아미노산을 변형시켜 만든다. 반면 일산화탄소는 적혈구 헤모글로빈 분자에 하나씩 박혀 있는 헴 분자를 재료로 만든다. 적혈구 하나가 파괴될 때마다 약 8억 개의 헴이 분해되고 그만큼의 일산화탄소 분자가 생성된다. 이 두 기체 분자 모두 인간의 몸 안에서 호흡을 조절하고 혈관을 확장하며 신경을 전달하는 등 다양한 역할을 묵묵히 수행한다. 오징어 색소 주머니를 수축하고 이완하는 과정에도 물론 참여한다.

요즘 과학자들은 이들 기체 화합물을 의료용으로 사용하려고 시도한다. 세포나 조직의 호흡을 일시적으로 정지시켜 활성산소의 생성을 차단하면 장기이식에 커다란 도움이 될 수 있기 때문이다.

일산화탄소와 일산화질소에 천형처럼 부여된 독성물질이라는 오명은 최근에 생겨난 것이지만 사실 이들 두 기체는 생명의 역사 초기부터 오랫동안 세포의 안녕에 공헌해왔다. 이 두 화합물 모두 호흡이나 광합성 과정을 조절하는 아주 오래된 물질이다. 생물학에서는 오래 버텨온 것일수록 더 중(重)하고 각별히 아름답다.

미세플라스틱의 거대한 세계

인간의 평균 키보다 네다섯 배 정도 길기 때문에 우리의 구절양장 소화기관은 똬리 치듯 구부러져 있다. 입으로 들어온 영양소를 최대한 흡수하려는 절박함이 고스란히 반영된 해부학이다. 사실 인간이 음식을 먹는 이유는 육안으로 식별 불가능한 우리의 작은 세포를 먹여 살리기 위해서다. 그렇기에 그들이 먹을 수 있게 아주 잘게 쪼개 주어야만 세포가 살고 세포의 집합체인 우리도 산다. 단백질은 스무 종류의 개별 아미노산으로, 전분은 포도당으로 그리고 지방도 지방산으로 쪼개져야 비로소 소장에서 원활한 흡수가 가능해진다. 광어에서 온 단백질 정보와 감자에서 온 전분의 정보가 이런 기본 단위로 쪼개지지 않은 채 흡수되면 생명체는 곧바로 면역계를 출동시킨다. 해독되지 않은 날것 정보를 내가 아닌 '비아(非我)'로 인식하기 때문이다.

따라서 먹고 흡수하는 소화 행위는 곧 서로 다른 생명체에서 도달한 정보를 해체하고 개별화하는 일에 다름 아니다. 그렇다면 우리 인간이 해체할 수 없는 정보에 노출되는 일은 없을까?

물론 있다. 한때 호황을 누렸던 석탄 채굴장의 노동자들이 먹고 마셨던 탄가루가 그 대표적인 예이다. 지금은 규제가 심하지만 내열성이 좋아 한때 건축 자재로 흔하게 사용되었던 규산염 섬유 결정인 석면도 인간의 폐나 소화기관에서 해체되지 않은 정보로 남아 있을 것이다. 이들은 인간의 몸에서 면역 반응을 일으킨다.

그러므로 지속적으로 이런 날것 정보에 인간이 노출되면 오랜 잠복기를 거쳐 진폐증(asbestosis)이나 복막 중피종(mesothelioma)이라는 달갑지 않은 병이 찾아올 수 있다. 중국에서 불어오는 미세먼지도 '인플라마솜'이라 불리는 면역 반응 복합체를 건드릴 가능성이 높다. 흔히 간과되긴 하지만 담배 연기에도 눈에 보이지 않는 미립자들이 상당히 많이 들어 있다. 이는 미국에서 담배 실험할 때 내 눈으로 직접 본 것이다.

환경에서 온 것 말고 우리 몸에서 만들어져서 면역 반응을 부추기는 물질들도 많다. 이런 물질들은 정상 범위에서 벗어난 생체 물질이 과량으로 존재할 때 만들어질 가능성이 부쩍 커진다. 가령 혈중에 다량으로 떠돌던 포도당이 화학적으로 알부민 단백질에 달라붙어 생겨난 물실이 대표적인 예이다.

이런 현상은 당뇨병 환자에게서 쉽게 발생하리라 예측할 수 있고 실제로도 그렇다. 과량일 때 날카로운 미세 칼날 결정을 만드는 콜레스테롤도, 통풍을 일으키는 주범으로 알려진 요산 결정도 염증 반응을 일으킨다.

몸 안에서 만들어졌건 환경에서 유래했건 간에 우리는 이런 물질을 통틀어 위험 인자라고 부른다. 이 위험 인자라는 말은 세균이나 병원성 미생물에 대적하는 상황이 아니더라도 인간의 면역계가 작동할 수 있다는 사실을 보여준다.

최근 들어 새로운 위험 인자가 등장했다. 바로 미세플라스틱이다. 죽은 가마우지 배에서 발견되는 플라스틱병이나 어구들은 사람들을 놀라게 한다. 미세플라스틱은 큰 플라스틱병들이 파도와 태양빛에 닳고 닳아 잘게 부서지다가 현미경으로나 볼 수 있게 크기가 줄어든 것들이다. 감내한 세월을 고스란히 간직한 나노, 마이크로미터 크기의 미세플라스틱이 설탕과 꿀, 맥주 그리고 소금에서 발견된다는 논문도 최근 출간되었다. 심지어 각질을 제거하는 의약부외품에도 미세플라스틱이 존재한다. 해수면에서 증발된 수증기의 순환을 통해 혹은 버려진 플라스틱이 닳아 육지에서도 미세플라스틱이 발견된다.

이렇듯 잠깐만 살펴보아도 우리는 눈에 보이지 않는 미세플라스틱의 세계에 살고 있음을 통감하게 된다.

굴이나 홍합을 통해 우리가 섭취하는 미세플라스틱이 1만 개라고 치고 그 양이 얼마나 될지 생각해보자. 평균 크기가 1마이크로인 미세플라스틱 1만 개를 죽 늘이면 10밀리미터가 된다. 1센티미터이다.

미세플라스틱은 최근 들어 등장한 새로운 위험 인자다.
버려진 플라스틱은 우리가 섭취하는 음식물로 돌아오고,
몸에 들어오면 세포 밖으로 잘 나가지 않는다.

1년에 그 정도라니 무시할 만한 양일 수도 있겠지만 이들 미세플라스틱은 세포 밖으로 잘 나가지 않는다는 특징이 있다. 인간 진화 역사에서 한 번도 마주한 적이 없는 물질이기 때문이다. 게다가 우리가 마시는 정수기 물에서도 미세플라스틱 조각이 발견된다니 상황이 그리 호락호락하게 굴러갈 것 같지는 않다.

2016년 한 해에만 인류는 3억 2,000만 톤의 플라스틱을 만들었다. 이 중 40퍼센트가 단순히 물건을 포장하기 위해 쓰였다. 1950년 이후 2015년까지 생산된 플라스틱 양은 모두 83억 톤이다. 그중 76퍼센트에 해당하는 약 63억 톤이 쓰레기로 폐기처분되었다. 재활용 비율은 고작 10퍼센트도 되지 않는다. 이처럼 현생 인류는 신속하게 분해할 기술이나 미생물도 없는 상태에서 플라스틱을 산처럼 쌓고 있다.

바다에서 입을 크게 벌리고 먹잇감을 쫓는 물고기는 배 안에 플라스틱, 미세플라스틱 가리지 않고 채워 넣는다. 잠시 후 생선 요리라는 이름의 미세플라스틱 '요리'가 우리 식탁에 오른다. 후식으로 마시는 한 잔의 커피 용액에는 눈에 보이지 않는 미세플라스틱이 유령처럼 떠돌아다닌다. 하늘에서는 미세플라스틱이 단풍과 함께 떨어진다.

생물학적으로 인간의 세포는 미세플라스틱을 위험 신호로 받아들이고 반응한다. 하지만 그 세포의 집합체인 인간은 오늘도 플라스틱을 만들고 무심코 버린다.

사막도 푸르게 할 인공광합성과 세균

일 년 중 낮이 가장 긴 때는 하지 즈음이다. 이 시기에 눈을 들어 앞을 보면 성하(盛夏)의 세상은 빈틈없이 푸르다. 잎이 초록빛을 띠는 까닭은 우리의 직관과 달리 엽록체 안의 엽록소가 초록빛 가시광선을 반사하기 때문이다. 대신 엽록소는 청자색과 황적색 빛을 흡수하여 광합성에 필요한 에너지원으로 사용한다. 따라서 물질이 나타내는 색은 표면에서 반사되어 튕겨 나오는 가시광선의 파장을 반영할 뿐이다.

여름인데도 적색을 띠는 단풍나무는 광합성에 필요한 한 영역의 빛을 기꺼이 포기했다. 온대지방의 겨울에는 광합성이 활발하지는 않겠지만 지구 전체로 보면 식물과 조류(algae) 및 세균은 매년 약 2,040억 톤의 탄소를 고정한다. 대기 중에 있는 이산화탄소를 붙들어 포도당과 같은 유기 탄소로 변화시키는 것이다. 식물을 먹고 사는 지상의 온갖 생명체는 이 포도당을 깨서 에너지를 얻고 부산물로 연간 얼추 2,000억 톤에 이르는 이산화탄소를 대기로 되돌려 보낸다. 그

얼마 전 뜨거운 호수와 사막에서 광합성을 하는
미생물들이 연이어 발견되었다.
메마른 지구에 희망을 선사하는 세균에게도
따스한 눈길을 보내야 할 이유다.
그러나 이산화탄소를 줄이는 일이
우리에겐 무엇보다 시급하다.

러므로 생명체들이 관여하는 알짜배기 광합성과 호흡량을 고려하면 약 40억 톤의 탄소가 고스란히 남아야 한다. 하지만 다양한 방식으로 탄소를 태우면서 인간은 그 균형을 빠르게 뒤집어 버렸다. 우리가 숨쉬는 공기 중에 이산화탄소의 양이 급격히 늘어나는 주된 까닭이다. 따라서 대기로 돌려보낼 탄소를 줄이거나 역으로 그것을 고정할 새로운 방식이 인류에게 절실해졌다.

2018년 6월 《사이언스》 지에 흥미로운 논문이 실렸다. 지금껏 알려진 방식과 다르게 광합성을 하는 체계가 발견된 것이었다. 구체적으로 말하면 인간의 눈에 보이지 않는 파장의 빛인 근적외선을 에너지로 써서 광합성이 가능하다는 놀라운 현상이 밝혀진 것이다. 하지만 사실 이런 생명체는 이미 예견되었다. 2013년 펜실베이니아 주립대학 연구진들은 옐로스톤 온천의 조류 띠 아래 어둑한 곳에서 광합성을 하는 렙톨린비아(Leptolyngbya)라는 13가지 계통의 남세균을 찾아 보고했다. 그 뒤로 여러 과학자들은 뜨거운 호수뿐만 아니라 사막이나 토양 표면에서도 이런 세균을 연거푸 찾아냈다. 세균들은 엽록소의 형태를 약간 손본 다음 흡수하는 빛의 파장대를 가시광선 너머까지 확장해 나갔다.

지구 표면 3분의 1이 사막화되고 있는 상황에서 이런 발견은 인류에게 커다란 의미를 띤다. 근적외선을 이용하여 탄소를 고정하고 산소를 낼 수 있는 이들 미생물을 사막에 이식할 수 있는 길이 열릴 수 있기 때문이다. 또한 균이 태양빛이 아니라도 간접적으로 근적외선을 낼 수 있는 건물이나 황토벽 안쪽에서 식물을 재배할 가능성도 타진해볼 수 있을 것이다. 유전적 변형을 통해 식물에 새로운 엽록소를 이식할 수 있다면 불가능한 일도 아니다. 우주생물학자들은 화성을 지구화하고자 할 때 우선 이들 세균을 파견할 수 있을 것이라는 희망을 숨기지 않는다.

하지만 보다 현실적인 측면에서 이런 발견은 인공 광합성을 꿈꾸는 과학자들에게 깊은 통찰을 제공한다. 새로운 엽록소가 태양광 에너지의 거의 절반을 차지하는 적외선 파장대의 활용 방안에 대한 식견을 제공하기에 그렇다. 일본 홋카이도 대학 연구진들은 금 나노입자와 산화티타늄 전극을 이용하여 근적외선에서 물을 깰 수 있는 장치를 개발하였다. 근적외선을 이용하여 광합성을 할 수 있는 남세균의 모습이 겹쳐 떠오르는 순간이다.

우리는 지구에 도달하는 태양광 에너지의 극히 일부만을 사용한다. 양분이 풍부한 경작지에서 자라는 식물은 태양에서 도달하는 광자의 1퍼센트 정도만을 곡물로, 다시 말해 포도당으로 전환하는 데 쓴다. 이 점을 감안하면 최근 새로운 엽록소의 등장에 눈이 부릅떠지는 것도 전혀 이상하지 않다. 지구 바깥에 관심을 두는 일도 중요하겠지만 대기권의 이산화탄소의 양을 줄이는 일이 우리에겐 훨씬 더 시급하다.

그렇기에 이산화탄소의 양을 줄일 방도를 발명하여 인류에게 벅

찬 희망을 주는 세균에게도 변치 않는 따스한 눈길을 보낼 일이다. 또한 그들의 무쌍한 변화를 경탄의 눈으로 보는 일도 잊지 말자.

참고문헌 및 덧붙이는 글

▼

1부. 아름답고 귀한 : 원소의 삶

1 · 통계에 따르면 세계 인구는 2011년 10월 31일에 70억을 돌파했다. 1804년에 10억이던 세계 인구는 1927년에 20억, 그리고 1959년, 1974년, 1987년 그리고 1998년을 거치며 각 시기마다 10억 명의 머릿수를 더해 나갔다. 19세기 초반부터 따지면 인구가 10억씩 증가하는 데 걸리는 시간은 123년, 32년, 15년, 11년, 13년이 걸렸다.

이런 데이터만 보고 있으면 인구가 그저 늘고 있구나 이상의 느낌을 얻기가 힘들다. 하지만 『전쟁 유전자』의 저자인 캘리포니아 대학 말콤 포츠는 다윈의 가계도를 분석했다. 부인이자 사촌인 엠마 사이에서 그는 10명의 자식을 낳았지만 셋은 어린 나이에 죽었다. 대를 이어가면서 똑같은 비율로 자식을 낳았다면 다윈은 49명의 손자, 343명의 증손자, 2,401명의 현손자, 그리고 다음은 1만 6,807명의 후손들이 있어야 할 것이다. 하지만 2009년 그의 탄생을 기념하기 위해 영국의 신문사가 벌인 조사를 보면 다윈의 후손은 현재 약 100명 정도가 남아 있다.

모계 쪽으로 분석한 계통도를 잠깐 보면, 1698년에서 1742년 사이에 살았던 2만 443명의 아이슬란드 여성 중 6.6퍼센트만이 1970년대 이후 인구 약 62퍼센트인 6만 4,150명의 할머니가 될 수 있었다. 좀 더 최근인 1848년에서 1892년 사이에 살았던 여성 다섯 명 중 하나가 현재 인구 90퍼센트의 조상 할머니였다. 사회학에서 흔히 말하는 80:20 법칙과 유사한 현상이 인구 계보에서도 엿보인다는 점은 흥미롭다.

2 · 고립된 지역에서 오랫동안 대를 이어 살아온 인간 집단은 진화속도 혹은 인간 유전체 분석을 위한 귀중한 실험 단위이기도 하다. 인간의 최대 수명에 한계가 있는가 하는 질문에 답을 하기 위해서도 마찬가지다. 이 논문은 대를 이어가는 일이 얼마나 힘든가를 숫자로 분명하게 보여준다. 실험적으로도 매우 드문 논문이다. Helgason, A., et al. A population-wide coalescent analysis of Icelandic matrilineal and patrilineal genealogies: evidence for a faster evolutionary rate of mtDNA lineages than Y chromosomes. *American Journal of Human Genetics*, 72, 1370-1388 (2003).

3 · 정온동물과 변온동물의 대사율에 관한 데이터를 눈으로 확인할 수 있다. 예를 들어 정온성 펭귄은 1년에 34만 킬로칼로리를, 변온성 인디고 뱀은 8,000킬로칼로리를 사용한다. 이들의 체중은 모두 4킬로그램이다. 정온성 동물이 대략 40배 정도 많은 에너지를 소모하면서 살아간다. Reece, J. B., et al. *Campbell Biology*. Boston: Benjamin Cummings/Pearson Education (2011).

4 · 해양 포유류는 왜 체구가 클까? 바다소목(듀공, 매너티), 고래하목(수염고래, 이빨고래), 기각류(바다코끼리, 물개, 물범), 수달아과(해달, 바다수달) 네 종의 해양 포유류 크기 연구. 해양 포유류는 육상에 사는 근연동물보다 무게가 더 나간다. 과학자들은 부력, 드넓은 서식처, 열 조절 능력 등이 원인이라고 지목했다. 네 종류 중 수달아과를 제외한 세 종류 해양 생명체는 대부분 물에서만 살고 체중이 평균 500킬로그램에 수렴하는 듯하다. 윌리엄 기어티(William Gearty)를 필두로 하는 연구진들은 3,859종

의 동물과 2,999종의 화석을 비교하고 아래와 같은 관계식을 얻었다. 최적의 동물 크기는 열 조절 비용이 낮지만 섭식 효율이 높은 상태에서 결정된다. 열 조절 비용은 최소 크기를 제한하는 반면 섭식 효율은 최대 크기를 제한하는 요인이다. 정온성 육상동물은 크기를 해양 정온 생명체의 1,000분의 1까지 줄일 수 있다. 수염고래는 여과식 섭식 효율이 좋아 쉽게 500킬로그램을 넘어선다. Gearty, W., et al. Energetic trade-offs control the size distribution of aquatic mammals. *Proceedings of the National Academy of Sciences*, 115, 4194-4199 (2018).

잉여에너지 = 섭식 에너지 − 기초 대사량 − 환경에 의한 열 손실
(surplus energy = **e**nergy by **f**eeding − basal **m**etabolism − **h**eat loss to the environment; E = F − M − H)

5 · 외부의 환경에 맞추어 내부 생물학적 시계를 조절하는 일은 수면-각성 유형, 정신적 긴장도, 기관의 움직임 및 식이 습관을 관장한다. 먼 거리를 이동한 세균은 시차(jet lag)를 느낄까? 비행기를 타고 아직 생물학적 시계가 현지에 맞게 조정이 안 된 사람의 장내 세균을 건강한 쥐에 이식했더니 쥐가 살이 찌고 혈당이 올라갔다는 실험 결과가《셀》지에 발표되었다. Thaiss, C. A., et al. Transkingdom control of microbiota diurnal oscillations promotes metabolic homeostasis. *Cell*, 159, P514-529 (2014).

· 생체시계가가 고장 난 마우스는 정상 쥐와 먹는 패턴이 달랐다. 장거리 비행 후 장내 세균의 구성은 비만 혹은 당뇨병 환자의 그것과 닮았다. 여행 중 설사와 관련이 있을까? Bhadra, U., et al. Evolution of circadian rhythms: from bacteria to human. *Sleep Medicine*, 35, 49-61 (2017).

6 · 상처 치유에 적극 참여하는 피부의 섬유아세포(fibroblast)도 생체 일주

기 리듬을 따라 생물학적 기능이 반복된다. 운동과 밀접한 단백질인 액틴 의존적 과정, 예컨대 세포의 이동, 부착은 쥐가 왕성하게 활동하는 낮에 더욱 활발하게 일어난다. 상처 치유 시간이 낮에 60퍼센트나 더 빠르다는 결과였다. 흥미로운 결과이다. Hoyle, N. P., et al. Circadian actin dynamics drive rhythmic fibroblast mobilization during wound healing. *Science Translational Medicine*, 9, eaal2774 (2017).

7 · 2019년에 《네이처》에 흥미로운 논문이 소개되었다. 한국인이 공동 제1 주저자로 참여한 이 논문은 초파리의 수면을 주관하는 뇌 부위 세포에서 NADPH라는 전자전달 매개 화합물이 세포 내 활성산소 양의 변화에 따라 칼륨 채널에 붙거나 혹은 떨어지면서 수면을 조절한다는 내용을 다루고 있다. Kempf, A., et al. A potassium channel β-subunit couples mitochondrial electron transport to sleep. *Nature*, 568, 230-234 (2019).

저자들은 활성산소, 에너지 대사 그리고 수면이 긴밀하게 연결되어 있다는 단서를 포착했다고 추정한다. NADPH는 세포가 사용하는 가장 대표적인 전자전달물질이다. 전자를 게걸스럽게 탐닉하는 산소는 그와 정반대의 역할을 하는 물질이다. 오탄당 인산회로를 거쳐 만들어지는 이 물질은 세포 안에서 생합성되는 고분자 화합물에 전자를 전달하는 역할을 자임한다. 핵산과 지질의 생합성이 그런 대표적인 예이다. 그뿐만이 아니다. 이 분자는 짝이 없는 활성산소에 전자를 전달하여 이를 무력화하는 데도 적극적으로 참여한다.

말은 복잡하지만 아마도 잠을 자면서 세포 내 활성산소를 제거하는 작업에 에너지를 사용한다고 이해할 수도 있을 것이다. 잠을 어떻게 정의해야 하는지 조심스러워지는 순간이다. 또 파킨슨 환자들처럼 에너지 분배 혹은 전달에 관여하는 기제가 망가졌을 때 수면의 질이 떨어진다는 임상 보고도 의미심장하다. 결국 세포 내에 축적된 활성산소를 적절히 제거하고 DNA나 단백질과 같은 생체고분자 물질의 기능을 최적의 상태로 유지하는 일이 수면의 가장 기본적인 목표인 것처럼 생각되기 때문이다. 2005년 위스콘신의 연구진들이 제시한 셰이커 유전자는 사람에게도 있지만 여러 개의 아형을 가지고 있어서 수면과 관련된 직접적인 결과는 아직 없는 듯하다. 그렇지만 간혹 신경계 질환을 가진 환자에서 셰이커와 유사한 유전자 돌연변이가 보고되었다.

8 · 마우스의 간에서 발현되는 단백질 약 10퍼센트가 일주기 리듬을 따른다. 빛의 변화를 반영하는 리듬과 음식에 의한 리듬이 우세하다. 영양소가 부족할 때 활성을 띠는 자기소화(4부 '굶주린 인간세포의 생존 본능'에서 자기소화를 다루었다) 관련 단백질들도 일주기 리듬을 따른다. 다시 말하면 야행성인 쥐들이 먹지 않을 때 자기소화 단백질이 활동에 나서고 쉽게 자기소화 소체를 관찰할 수 있다는 뜻이다. 당연한 결과이다. 다만 여기서 우리가 눈여겨보아야 할 대목은 하루 한 끼만 먹어도 생물학적으로는 문제 될 것이 없다는 점이다. 하지만 노동하는 인간의 사회적인 관습이 자기소화 생물학에 얼마나 큰 영향을 끼쳤는지, 그 영향이 유전자에 과연 흔적을 남기고 있는지는 아직 모른다.

명백한 사실 하나는 빛이 없는 시간에 우리 인류가 너무 많은 음식을 먹기 시작했다는 점이다. 생물학적으로 빛이 없는 시간에는 음식물의 소화나 저장에 관련된 유전자 스위치가 꺼지는 게 상례다. 굶는 시간이 길어지면 간에 저장된 물질을 꺼내 쓰도록 자기소화 유전자들이 활성화되는 현상은 당연하지만 바로 그 순간에 음식물이 우리 몸 안으로 들어오면 당황스러운 상황이 연출될 수 있다. 바로 우리가 매일매일 목도하고 있는 현상이다. Ma, D., et al. Temporal orchestration of circadian autophagy rhythm by C/EBPβ. *The EMBO Journal*, 30, 4642 (2011).

9 · 환자에게 약 대신에 '먹는 방식'을, 다시 말해 하루 한 끼를 먹는다든지 혹은 일주일에 이틀을 굶고 나머지 닷새는 꼬박 세 끼를 먹는 식으

로 처방하는 일의 논리적 근거를 제시한다. 상당히 흥미로운 논문이다. Mattson, M. P., et al. Meal frequency and timing in health and disease. *Proceedings of the National Academy of Sciences*, 111, 16647 (2014).

· 스낵의 개념을 정의하고 그것이 인간의 진화 과정에 언제 어떤 방식으로 편입되었는지 쓰고 있다. 이 논문에 따르면 술도 스낵이다. de Graaf, C. Effects of snacks on energy intake: An evolutionary perspective. *Appetite*, 47, 18 (2006).

10 · 유전적 혹은 약물학적 간섭을 통해 생물 종의 수명이 탄력적으로 변화할 수 있다는 증거는 무척 많다. 역학 조사 결과를 분석한 연구자들이 100세 이후 생존율은 감소하는 경향이 있음을 밝혔다. 또한 1990년 이후 인류의 최대 수명은 결코 증가한 적이 없다. 이들은 인류의 최대 수명은 어느 정도 결정되어 있으며 그것은 자연적인 제약을 따른다고 보고하였다. 나도 이 결과에 열역학적으로 동의한다. Dong, X., et al. Evidence for a limit to human lifespan. *Nature*, 538, 257-259 (2016).

11 · 염색체 양쪽 끄트머리에 있는 유전체 부위인 텔로미어(telomere)의 길이가 수명에 영향을 끼친다는 얘기도 있다. 그렇지만 수명은 그보다 훨씬 더 복잡한 기제에 의해 조절된다. 연구자들은 콩팥, 췌장, 간, 폐, 뇌에서 텔로미어의 길이 변화를 측정했다. 나이가 듦에 따라 콩팥, 간, 췌장 및 폐에서 텔로미어 길이가 짧아졌지만 뇌는 그렇지 않았다. 수컷이 암컷보다 전반적으로 더 짧았다(여성들의 평균수명이 더 길지만 이 사실만으로는 그 현상을 설명하지 못한다). 조직에 따라 노화의 속도가 다르다는 사실은 잘 알려졌다. 따라서 텔로미어 길이를 늘리는 일이 수명의 연장으로 이어지지는 않는다. 하지만 어쨌든 흡연, 비만 같은 개인의 생활양식이 텔로미어 길이에 영향을 끼친다. 항산화제 혹은 식이 섬유가 듬뿍 들어 있는 음식물을 골고루 많이 먹고 운동도 하자. 지중해 식단, 통

곡물. 늘 하는 얘기다. Shammas, M. A. Telomeres, lifestyle, cancer and aging. *Current Opinion Clinical Nutrition and Metabolic Care*, 14, 28-34 (2011); Jennings, B. J., et al. Early growth determines longevity in male rats and may be related to telomere shortening in the kidney. *FEBS Letters*, 448, 4-8 (1999).

12 · 주디 베일리(Judy Bailey)는 리그닌을 분해하는 능력을 가진 버섯의 유전체를 분석함으로써 석탄의 기원을 설명했다. 리그닌의 분해를 막으면 이 과정에서 파생되는 이산화탄소의 양을 줄일 방도를 찾을 수도 있을 것이다. Floudas, D., et al. The Paleozoic Origin of Enzymatic Lignin Decomposition Reconstructed from 31 Fungal Genomes. *Science*, 336, 1715-1719 (2012).

2부. 세상을 아우르며 보기 : 동물살이의 곤고함

1 · 소화기 생리학의 아버지 격인 윌리엄 버몬트(William Beaumont, 1785~1853)는 우연한 사건에 결부되면서 한 환자의 위 속을 들여다볼 수 있었다. 1822년 미국 미시간주에서 일어난 총기오발사고로 캐나다 청년 마르탱(Alexis St. Martin)이 다친 것이다. 총구가 지나간 위가 점차 닫혀갔지만 닫힌 부위를 들추면 위 안을 볼 수 있는 아주 기이한 모습으로 마르탱은 수십 년을 더 살았다. 실에 꿴 고기를 먹은 뒤 어떤 변화가 생기는지 확인하는 등 오랜 시간 윌리엄은 마르탱을 대상으로 '인간 실험'을 진행했다. 지금이라면 상상할 수 없는 일이 벌어진 것이다.

위가 빈 상태에서 마르탱의 위액을 채취하고 그 성분과 기능을 조사하는 일도 수행했다. 몇 차례 실험(?) 결과를 취합하여 윌리엄은 "위액과 소화 생리의 실험과 관찰"이라는 논문을 작성하기도 했다. 윤리적인 문제는 논외로 하고 그의 연구 논문은 장차 실험생리학의 창시자인 베르나르(Claude Bernard, 1813~1878)의 연구에 커다란 영향을 끼쳤다고 한다. 김홍표, 『먹고 사는 것의 생물학』 참고.

2 · 적혈구에서 미토콘드리아 또는 핵과 같은 소기관은 어떻게 사라질까? 답은 자기소화 과정을 거쳐서다. 발생 과정에서 적혈구 안의 미토콘드리아는 자신을 '먹으라(eat me)'는 신호를 보낸다. 닉스(Nix)라고 하는 단백질이 그 신호 전달을 매개한다. 미토콘드리아 막전위가 줄고 기능적으로 쓸모가 사라지면 세포는 그 소기관을 제거해버리는 것이다. 하지만 왜 적혈구에 미토콘드리아가 없는지는 명확하지 않다. 활성산소 얘기가 약방의 감초처럼 등장하기는 한다. 압도적으로 많은 적혈구에서만 활성산소를 제거할 수 있다면 유기체들은 훨씬 평화로운 삶을 영위할 수 있을 것이다. Sandoval, H., et al. Essential role for Nix in autophagic maturation of erythroid cells. *Nature*, 454, 232-235 (2008).

3 · 적혈구의 수명이 성인 남성은 120일, 여성은 약 109일이다. 겸상 적혈구증 환자에서 적혈구 수명은 채 한 달이 되지 않았다. 지중해성 빈혈 환자의 적혈구의 수명은 약 85일이다. 이들 환자에게 간 추출물을 투여하였더니 정상 적혈구 수명을 회복했다. 데이비드 셰민(David Shemin)은 글리신 동위원소를 직접 먹고 자신의 배설물에 함유된 동위원소를 측정한 뒤 적혈구의 수명을 계산했다. 말라리아를 일으키는 기생 생명체인 플라스모듐 열원충은 적혈구 안의 글로빈을 먹잇감으로 삼아 모기가 다시 환자의 혈액을 탐할 때까지 성장을 계속한다. 하지만 겸상 적혈구증 혹은 지중해성 빈혈을 앓는 환자들의 적혈구에는 플라스모듐 열원충이 쉽게 침범하지 못한다. 이런 이유로 사람들에게 해를 끼칠 수도 있는 유전 형질이 인간 집단에 여전히 살아 있는 것이다. 김홍표, 『가

장 먼저 증명한 것들의 과학』; London, I. M., et al. Heme synthesis and red blood cell dynamics in normal humans and in subjects with polycythemia vera, sickle-cell anemia, and pernicious anemia. *Journal of Biological Chemistry*, 179, 463-484 (1949).

4 · 열을 가해도, 위산의 소화 과정에서도 끄떡없이(아무도 예상하지 못했기에 놀라움을 불러일으킨) 살아남은 밥 안의 유전성분 RNA가 흡수되어 (밥을 먹은) 포유동물의 유전자에 영향을 미칠 수 있다는 흥미로운 논문이다. Zhang, L., et al. Exogenous plant miR168a specifically targets mammalian LDLRAP1: evidence of cross-kingdom regulation by microRNA. *Cell Reports*, 22, 107-126 (2012).

5 · 위산은 우리가 섭취한 핵산(고기나 식물 세포 안에 들어 있는)을 분해하며 소화를 개시한다. 단백질을 분해하는 펩신이 핵산을 분해하는 우선적인 소화효소이다. 그리고 아마 단백질처럼 소화될 것이다. 단백질과 핵산은 화학적으로 매우 동떨어진 집단이다. 펩신은 과연 어떻게 이 두 화합물을 조리하는 것일까? Liu, Y., et al. Digestion of nucleic acids starts in the stomach. *Scientific Reports*, 5, 11936 (2015).

6 · 2019년 8월 《네이처》에는 정상인 9명의 간 조직에서 약 1만 개의 세포를 추출하고 개별 세포 RNA의 발현 양상을 조사한 논문이 발표되었다. 이 논문이 의미가 있는 이유는 간이 복잡하기 때문이다. 매우 이질적인 세포들로 간이 이루어졌다는 뜻이기도 하다. 간에는 간 실질(parenchymal)세포라 불리는 간세포 수가 전체의 70퍼센트, 무게로 보아서 90퍼센트에 육박한다. 우리가 알고 있는 간 기능의 대부분을 담당한다고 알려진 세포이다. 2개 간격의 간세포 사이사이를 지나는 혈관을 구성하는 혈관내피세포(endothelial cells), 그리고 그 혈관에서 내가 아닌 것들을 제거하는 간대식세포인 쿠퍼세포도 있다. 간세포와 마주하는 혈관의 안쪽 공간인 디세강(the space of Disse)에 자리한 간성상(星狀)세포

는 별 모양을 빗대 지은 이름이다(내가 좋아하는 세포다). 이들 세포보다 숫자는 적지만 담즙산이 통과하는 공간을 구성하는 담관세포와 섬유아 세포들도 있다.《네이처》 논문은 간 조직의 대부분을 이루는 간세포 자체도 또 혈관내피세포와 쿠퍼세포도 각기 독특한 아형(subtype)이 있다는 결과를 제시했다. 이런 정보는 이식수술에 쓸 간 조직을 실험적으로 만드는 과정에서 꼭 필요한 정보가 된다. 그렇다고 해서 벤치에서 뚝딱 간이 만들어지지는 않는다.

간세포를 분리하는 일은 손이 많이 가지만 모든 일이 순조롭게 진행되어 효소가 제대로 작동하면 정말 많은 수의 간세포를 분리할 수 있다. 육각형 모양의 간세포를 현미경으로 보는 일은 아무나 경험할 수 없는 일종의 장관이다. 초기에 나는 간세포를 주로 분리했지만 점차 숫자가 더 적은 간성상세포나 쿠퍼세포를 분리해서 실험에 사용했다. 인간이 보유하고 있는 비타민 A 약 95퍼센트를 보관하고 있는 간성상세포를 바로 분리하면 별모양에다가 세포 내부에 동글동글하고 금처럼 누런 색의 방울이 보인다. 우리가 지질방울(lipid droplet)이라 부르는 세포 소기관이다. 하지만 하루 이틀이 지나면 지질방울이 사라지고 세포 모양이 근섬유아세포(myofibroblast) 모양으로 변한다. 이것은 간섬유화 혹은 간경화 환자의 조직에서 실제 진행되는 과정을 모방하는 실험 모델이 되기 때문에 나도 한동안 이 세포에 몰두한 적이 있었다. 이런 경험이 있었기 때문에 나중에 나는 곤충인 초파리 조직을 찍은 현미경 사진을 보고 '어, 간세포네'라고 중얼거릴 수 있었던 것이다. 하지만 간세포가 그 기원에서 내분비 혹은 생식기관의 역할을 했다는 점은 시각의 확대 즉 놀라움으로 이어졌다. 간은 '정말로' 하는 일이 많다. Aizarani, N., et al. A human liver cell atlas reveals heterogeneity and epithelial progenitors. *Nature*, 572, 199 (2019).

7 · 전혀 예상하지 못했던 연구 결과였다. 남녀 사이에서 간이라는 조직이

그렇게 다른 방식으로 유전자와 단백질을 발현하는 까닭은 무엇일까? 잠재적 생식기관으로서 간의 역할을 복기해야 할 필요성이 있다. Torre, S. D., & Maggi, A. Sex difference: A resultant of an evolutionary pressure? *Cell Metabolism*, 25, 499 (2017).

8 · 소변이 일단 신장을 떠나 방광으로 내려오면 그다음은 소변과 이별을 고하는 일만 남는다. 양 방향성이 없는 방광은, 스트레스가 심한 위급 상황에서는, 즉 초원을 달리기에는 출렁거리고 무거워서 방해가 될 뿐이다. 해결책은 간단하다. 방광을 비우면 되는 것이다. 로버트 새폴스키, 『스트레스』란 책 72쪽에서 이와 같은 문구를 발견할 수 있다.

9 · 온도, 감정 혹은 음식물에 대응하여 신경계가 조절하는 에크린(eccrine) 땀샘은 제곱센티미터당 100~200개 정도로 온몸에 분포한다. 손바닥과 발바닥에는 그 수가 아주 많아 제곱센티미터당 약 600개의 에크린샘이 분포한다. 땀은 대부분 물이지만 유기물질 초산, 암모니아, 부티르산, 비타민 C, 시트르산, 개미산, 락트산, 프로피온산, 요소, 그리고 무기염류가 소량 들어 있다. 피부에 있는 또 다른 분비샘인 아포크린(apocrine)샘은 대부분 겨드랑이와 샅에 분포한다. 여기에 있는 약 2만 5,000개의 아포크린샘에서는 약간 더 점성이 있고 우윳빛이 도는 액체를 방출한다. 지방산, 질소, 유당, 이온의 양이 비교적 많은 편이다. 아포크린샘은 어릴 때는 활동하지 않고 성적으로 성숙해야 활성을 띤다. 귀 안에도 아포크린성 샘이 존재한다. Noël, F., et al. Sweaty skin, background and assessments. *International Journal of Dermatology*, 51, 647 (2012).

10 · 귓바퀴에 모인 공기 파동인 소리는 귓구멍(外耳)을 통과해 고막을 진동시킨다. 고막에 붙어 있는 3조각의 뼈(이소골)가 이를 증폭해서 달팽이관에 전달한다. 그러면 완두콩 크기인 달팽이관에 들어 있는 림프액이 진동하게 된다. 달팽이관을 따라 존재하는 약 1만 5,000개의 유모세포 중에서 소리의 진동 주파수에 맞는 유모세포의 안테나인 섬모(cilia)가

반응을 하는 것이다. 섬모가 움직여 생긴 전기 신호가 뇌로 전달되면 우리는 소리를 듣게 된다.

2018년 미국 하버드 연구진들은 내이에 있는 달팽이관 유모세포에서 소리 자극을 전기 신호로 변환하는 단백질을 발견하고 그 연구 결과를 《뉴런》에 발표했다. 귀는 중력을 감지하는 기관으로 시작했다가 여러 가지 물리적 자극에 반응하는 복합기관으로 거듭났다. 순서상 유모세포가 먼저 생기고 이들 사이에 기능의 분화가 일어나면서 평형과 원근을 인식하고 공기의 파동을 감지하는 기관으로 진화하게 된 것이다. 비교생물학적 관점에서 섬모를 관찰한 과학자들은 유모세포가 단세포 생명체인 동정편모충류에서 비롯했다고 판단했다. 바다에서 중력을 감지하던 장치가 오랜 세월이 흐르는 동안 동물의 귀 안에 들어오게 된 것이다.

달팽이관 말고도 내이에는 평형을 감지하는 세반고리관과 이석기관이 존재한다. 세반고리관에는 약 2만 3,000개, 이석기관에는 약 5만 2,000개의 유모세포가 즐비하다. 귀에서 소리와 평형을 '감각'하는 데 섬모가 필요하듯 미각 혹은 빛이나 색상을 감각할 때도 섬모가 필요하다. Pan, B., et al. TMC1 Forms the Pore of Mechanosensory Transduction Channels in Vertebrate Inner Ear Hair Cells. *Neuron*, 99, 736-753 (2018); Fritzsch, B., & Straka, H. Evolution of vertebrate mechanosensory hair cells and inner ears: toward identifying stimuli that select mutation driven altered morphologies. *Journal of Comparative Physiology A*, 200, 5 (2014).

· 오늘날 악어와 새의 조상인 이궁류(archosaurs)와 포유동물에서 귀가 각각 수렴진화 과정을 겪었다. 공기를 통해 오는 소리로 공간을 지각하고 그 신호를 처리하는 신경회로를 비교 분석한 결과 고막을 가진 귀는 약 2억 5,000만 년 전 중생대 트라이아스기에 진화했다. 소리를 듣

기 위해 양서류, 이궁류 및 좀 뒤에 약 2억 1,000만 년 전경 포유류가 각기 다른 전략을 써서 고막을 진화시킨 것이다. Grothe, B., & Pecka, M. The natural history of sound localization in mammals-a story of neuronal inhibition. *Frontiers in Neural Circuits*, 8, 116 (2014).

11 · 인체에서 물이 사라지는 방식은 크게 두 가지로 나뉜다. 하나는 모세혈관에서 환경으로 직접 확산되는 일이다. 이 과정은 피부와 폐에서 진행된다. 두 번째는 땀을 흘리는 일이다. 체열을 식히는 장치로서 땀샘은 인류가 두 발로 걷고 털이 없는 피부를 갖추는 형태적 변화와 함께 진화했다. 포크와 셈킨은 에크린샘이 보다 원시적인 아포크린샘에서 기원했다는 기존의 가설을 반박하면서 에크린 및 아포크린샘은 포유동물에서 거의 비슷한 기능을 했다고 주장했다. 아포크린 땀샘의 표현형과 관련이 있는 유전자 *abcc11*이다. 이 유전자의 차이가 귀지의 색과 젖음의 정도를 결정한다. 한국 사람들은 대부분 귀이개로 허연 귀지를 팔 수 있다. Folk, Jr. G. E., & Semken, Jr. H. A. The evolution of sweat glands. *International Journal of Biometeorology*, 35, 180 (1991).

12 · 땀샘이 영장류 혹은 인간 진화에서 어떤 역할을 했는지를 알아보려면 땀샘의 수가 적은 사람들의 증세를 보면 된다. 땀이라는 것은 결국 몸 안에서 진행된 물질대사 과정에서 데워진 혈액을 걸러낸 용액이고 이를 배설함으로써 우리는 아주 협소한 범위 내에서 체온을 조절한다. 따라서 땀샘은 동물 중에서 가장 우수한 지구력을 가지고 있다는 인간을 지탱하는 별난 '장치'인 셈이다. 이러한 땀샘을 지문의 능선에 규칙적으로 배치함으로써 인간은 도구를 사용할 수 있는 최적의 촉각을 가지게 되었다. Nousbeck, J., et al. A Mutation in a Skin-Specific Isoform of SMARCAD1 Causes Autosomal-Dominant Adermatoglyphia. *American Journal of Human Genetics*, 89, 302–307 (2011).

13 · 피터 S. 엉거(Peter S. Ungar)가 쓴 저서 『이빨』에 따르면, 약 15억 년 전 거대한 지각판이 움직이면서 탄산칼슘을 포함한 미네랄이 바다로 유입되었다. 처음에는 단세포 생명체(유공충, 나중에 다이너마이트 제조에 쓰이던), 나중에는 다세포 생명체들이 발톱과 이빨로 무장했다. 턱이 없어서 플랑크톤을 걸러 먹었던 먹장어와 칠성장어(무악어류라고 한다)는 여태껏 이빨을 갖추지 못했다. 턱을 그리고 턱과 이빨을 갖춘 어류가 바다를 지배했다. 하지만 인간은 진화 과정에서 그 무기인 송곳니와 어금니가 모두 작아졌다. 불에 익혔거나 가루 낸 음식물이 흔해졌기 때문일 것이다. 그렇다면 이빨은 어떻게 진화한 것일까?

무악어류의 몸통 바깥 표면에서 이빨 비슷한 원시 구조가 처음으로 등장했다. 5억 년이 지나는 동안 이들 구조는 구강 안으로 이동해 들어갔다. 전체적으로 이빨의 수는 줄었지만 구조적 복잡성은 늘어나는 경향을 보였다. 이빨은 내배엽이든 외배엽이든 아니면 둘의 조합이든 상피세포로부터 만들어질 수 있다. 구강이든 인두든 치아 형성 유전자는 놀랄 만큼 비슷하다. 피부 거치가 먼저 진화하고 그것이 구강 내부로 옮겨왔다는(밖에서 안으로) 견해가 있지만 인두 깊은 곳의 내배엽성 치아가 처음으로 진화되었다(안에서 밖으로)는 가설도 존재한다. 과학자들은 이 두 가지가 합쳐져 융합된(밖 그리고 안) 결과 지금과 같은 형태의 이빨이 존재하는 것이라고 해석하고 있다. Fraser, G. J., et al. The odontode explosion: the origin of tooth-like structure in vertebrates. *BioEssays*, 32, 808-817 (2010); Fraser, G. J., et al. Developmental and evolutionary origins of the vertebrate dentition: molecular controls for spatio-temporal organization of tooth sites in Osteichthyans. *Journal of Experimental Zoology*, 306B, 183-203 (2006); Koussoulakou, D. S., et al. A curriculum vitae of teeth: evolution, generation, regeneration. *International Journal of Biological Sciences*, 5, 226-243 (2009); Donoghue, P. C. J., & Rücklin, M. The ins and outs of the evolutionary origin of teeth. *Evolution & Development*, 18, 19-30 (2016).

14 · 엄마 젖 또는 분유를 먹는지, 수저로 떠먹는지 아니면 이유식을 시작했는지에 따라 유치가 나오는 시기를 측정한 연구 결과이다. 여아가 약간 더 빨리 이빨이 나온다. Kohli, M. V., et al. A changing trend in eruption age and pattern of first deciduous tooth: correlation to feeding pattern. *Journal of Clinical and Diagnostic Research*, 8, 199-201 (2014).

15 · 루그더닌(lugdunin)이라는 항생제를 생산하는 콧속 상주균에 대한 논문이다. 이들 상주 세균이 생산하는 항생제는 감염균의 침입을 저지한다. 사람 상주균에서 새로운 항생제가 더 발견될 가능성이 열려 있다. 또한 다른 동물에서 이런 항생제가 발견될 가능성도 무시할 수 없다. 가령 가축화한 동물에서 항생제가 발견된다면 어떻게 해야 할까? Zipperer, A., et al. Human commensals producing a novel antibiotic impair pathogen colonization. *Nature*, 535, 511-516 (2016); Lewis, K., & Strandwitz, P. Antibiotics right under our nose. *Nature*, 535, 501-502 (2016).

16 · 생명의 역사는 38억 년까지 소급될 수 있다. 하지만 24억 5,000년 전까지만 해도 대기 중 산소의 양은 무시할 만한 수준이었다. 그 뒤 산소의 양이 증가하긴 했지만 완전히 산화된 대기가 갖추어진 지는 불과 5억 년을 넘지 않았다. 태양은 생명체에 해로운 짧은 파장의 자외선을 방출한다. 현재 지구 대기는 가장 짧은 파장의 자외선 C(280nm 이하)를 모두 흡수한다. 하지만 그보다 긴 파장의 자외선 B(280-320nm)와 A(320-400nm)는 막지 못한다. 다세포 생명체는 이런 강한 자외선을 막는 오존층이 있었을 때만 출현 가능했다고 말한다. 일부 과학자들은 메탄 연

기, 황 증기와 알데히드도 자외선을 차단하는 효과가 있다고 주장한다. 어쨌든 생명체는 자외선에 적응하는 기체를 보완하면서 지금에 이르렀다. 색소, 항산화제(멜라닌을 강조했다), 유전자 수리 기구 등을 손보면서 대사 행동적 적응을 되풀이했다. 칼 사강도 초기 생명체가 자외선에 의한 선택압을 받았을 것이라고 주장하는 논문을 썼다. 그때가 1973년의 일이다. Hessen, D. O. Solar radiation and the evolution of life. In Solar Radiation and Human Health, ed by Bjertness, E. Oslo: The Norwegian Academy of Science and Letters, 123-136 (2009); Sagan, C. Ultraviolet selection pressure on the earliest organisms. *Journal of Theoretical Biology*, 39, 195-200 (1973).

17 · 멜라닌 세포는 발생 중인 배아의 신경 능선에서 분화해 나와 피부 혹은 모낭에 자리 잡는다. 색소 침착 돌연변이 쥐를 이용하여 멜라닌 세포의 기원과 기능에 대해 설명하고 있다. 모낭에서 발견되는 멜라닌 줄기세포 및 이들의 운명과 분화를 결정짓는 마스터 조절자 단백질인 MITF에 대해 자세한 설명을 덧붙였다. 대머리, 멜라닌 세포암에 대한 치료적 암시를 얻을 수 있다고 주장한다. Mort, R. L., et al. The melanocyte lineage in development and disease. *Development*, 142, 620-632 (2015).

18 · 귀 안쪽 와우각(cochlea) 벽 혈관조(stria vascularis)에는 세 종류의 세포가 있다. 상피세포에서 유래한 세포가 밖을 둘러싸고 있고 중배엽 혹은 신경 능선에서 기원한 기저 세포가 있고 그 중간에 신경 능선에서 출발한 멜라닌 세포와 비슷한 세포가 있다. 멜라닌 유사 세포는 혈관조의 발생 및 이들 구조의 활동 전위 형성에 결정적인 영향을 끼친다. Steel, K. P., & Barkway, C. Another role for melanocytes: their importance for normal stria vascularis development in the mammalian inner ear. *Development*, 107, 453-463 (1989).

19 · 옷을 입음으로써 인류는 높은 지대나 추운 지역으로 서식처를 넓힐 수 있게 되었다. 언제부터 옷을 입었는지는 과학자에 따라 크게 달라 약 300만 년 전에서 4만 년 전 사이 어디쯤 일어난 사건이라는 얘기가 있었다. 하지만 직접적인 고고학적 화석 혹은 유전적인 증거는 부족했다. 머리털이 아니라 옷에만 선택적으로 살아가는 이에서 그 증거가 나왔다. 흥미로운 일이다. 머릿니에서 옷니가 분기되어 나간 지는 약 8만 3,000년~17만 년 전 사이일 것이라고 추정했다. 해부학적으로 현생 인류인 아프리카 조상이 옷을 입기 시작했다는 것이다. 이들의 추정에 따르면 인류는 약 120만 년 전에 체모를 잃었고 78만 년 전에 토기인 긁개(side-scraper)를 발명했다. 그러다 머리털에서 살던 이가 옷 솔기 틈으로 들어갔다. 약 4만 년 전부터는 본격적으로 옷을 지어서 입기 시작했다. Toups, M. A., et al. Origin of clothing live indicated early clothing use by anatomically modern humans in Africa. *Molecular Biology and Evolution*, 28, 29-32 (2011).

20 · 인도네시아 수마트라섬 토바 화산이 폭발하면서 신생대 제4기 후기 플라이스토세인 약 7만 1,000년 전~7만 년 전에 화산 겨울이 시작되었다. 화산재가 몇 달이고 하늘을 덮는 바람에 식물이 시들어 죽고 초식 곤충과 동물이 연거푸 죽어 나갔다. 인간도 뾰족한 수가 없어서 인구가 거의 창시자 효과와 유전자 부동 현상을 낼 만큼 줄어들었다. 아프리카 적도 근처에서 일부 인류의 조상이 살아남았다가 나중에 그 수가 늘어났다는 가설에 대한 설명이다. Ambrose, S. H. Late Pleistocene human population bottlenecks, volcanic winter, and differentiation of modern humans. *Journal of Human Evolution*, 34, 623-651 (1998).

3부. 닫힌 지구, 열린 지구 : 식물, 하늘을 향해 대기 속으로

1 · 환경이나 내부 변화에 조응하여 식물이 꽃을 피울지 말지 결정한다. 이러한 조절 네트워크가 작동한 결과는 정확한 시기에 꽃을 피우는 일로 귀결되어야 할 것이다. 빛, 낮의 길이 그리고 일주기 리듬이 광주기 경로를 좌우한다. 이 경로의 중심에 있는 콘스탄스(*CONSTANS*)는 이동성 개화호르몬을 가동시켜 꽃을 피우게 유도한다. 생식의 성공은 식물이 정확히 꽃을 피우느냐에 달려 있다. 현생 식물에서도 잘 보존된 광주기 경로는 단순한 조류(algae)에서도 발견된다. 대부분의 식물은 잎에서 광주기를 감지하고 적절한 때가 되면 꽃을 피우라는 호르몬을 만들어 꽃에게 신호를 보낸다. 잎이 없이 꽃을 피우는 식물이 어떻게 호르몬 신호를 받는지 잘 알지 못하지만 겨울에 충분히 온도가 낮아야 작년 가을에 만들어진 꽃눈이 열리는 점을 감안하면 후성유전학적 기제가 여기서도 작동할 것으로 예상된다.

휴면아(休眠芽)가 땅속에 있는 다년생 초본인 지중식물(geophyte)은 겨울에 접어들며 지상부가 말라버린다. 매년 저장 기관을 교체하는 일년생 식물과 달리 다년생 지중식물은 저장 기관을 땅에 보관한다. 다음 해 봄이 되면 보통 잎이 먼저 나와 어느 정도 광합성을 진행한 뒤 꽃이 나온다. 하지만 꽃과 잎을 동시에 틔우는(synanthous) 지중식물도 있다. 히아신스나 달리아 같은 구근식물은 꽃과 잎의 생활주기가 같을 수도 혹은 다를 수도 있다지만 곰곰이 생각해보니 대부분의 식물들은 광합성을 먼저 시작하도록 잎을 틔우고 어느 정도 시간이 지난 다음에 꽃을 피웠다. 하지만 벚꽃이나 과일을 맺는 장미과 식물들, 예컨대 복숭아나무, 살구나무, 진달래, 개나리는 꽃을 먼저 피운다. 무슨 까닭일까?

중국의 연구진들은 1963년에서 1988년에 걸쳐 베이징의 온도 데이터와 살구나무와 산에 자라는 복숭아가 잎이나 꽃을 피우기 위해 필요한 저온처리 시간을 유추해냈다. 다시 말하면 한 나무에 있더라도 꽃과 잎이 피어나기 위해 필요한 열의 요구량이 다르다는 점이었다. 연구진들이 사용한 살구와 복숭아나무의 잎싹이 열리기 위해서는 꽃싹보다 햇볕의 양이 두 배나 더 필요했다.

보통 일조량이 길어질 때 꽃이 피는 식물은 장일식물이라 하고 반대로 가을처럼 일조량이 짧아질 때 꽃이 피면 단일식물이라고 한다. 따라서 봄에 꽃이 피는 식물은 장일식물이지만 그것 말고도 겨울의 추운 온도에 노출되는 시간도 개화에 영향을 끼친다. 추위에 제대로 노출되지 못한 보리가 꽃을 피우지 못하는 경우이다. 하지만 중국 연구진의 실험처럼 식물종에 따라 잎과 꽃이 각기 다른 일조량을 필요로 할 수도 있는 것이다. Valverde, F. *CONSTANS* and the evolutionary origin of photoperiodic timing of flowering. *Journal of Experimental Botany*, 62, 2453-2463 (2011); Dafni, A., et al. Life-cycle variation in geophytes. *Annals of the Missouri Botanical Garden*, 68, 652-660 (1981); Guo, L., et al. Differences in heat requirements of flower and leaf buds make hysteranthous trees bloom before leaf unfolding. *Plant Diversity*, 36, 245-253 (2014).

2 · 잎은 흔히 광합성을 주특기로 하지만 초록색을 띤 줄기 혹은 꽃받침 등은 잎과 마찬가지로 일차적 광합성 기관으로 분류된다. 종에 따라 다르지만 상당히 많은 양의 탄소가 잎이 아닌 다른 기관을 통해 고정될 수 있다. 그 외에도 초록색을 띠는 나무껍질, 줄기, 열매 심지어 뿌리도 부분적으로 광합성에 참여하며 자신들이 내뱉는 이산화탄소를 재활용한다. 우리가 먹는 오이 열매도 광합성을 한다. 이산화탄소의 탄소 원자에 동위원소를 붙이고 이를 추적하여 알아낸 결과이다. 광합성은 필연적으로 이산화탄소의 유입, 다시 말하면 기공의 존재와 밀접하

게 관련된다. 이 책 3부 '탄소를 먹다'(174쪽) 편에는 대기 중 (이산화)탄소의 농도가 기공의 숫자와 반비례 관계에 있다는 내용을 소개하고 있다. Aschan, G., & Pfanz, H. Non-foliar photosynthesis: a strategy of additional carbon acquisition. *Flora*, 198, 81 (2003); Chen, L. Q., et al. Assessing the potential for the stomatal characters of extant and fossil Ginkgo leaves to signal atmospheric CO_2 change. *American Journal of Botany*, 88, 1309 (2001).

3 · 대기를 뚫고 하늘을 향해 잎을 드날릴 수 있었던 것은 식물이 리그닌이라는 고분자 화합물을 진화시킨 덕분이다. 고생대 식물은 리그닌 덕분에 단단한 목질부를 갖추게 되었지만 그 당시 그것을 분해할 세균이나 곰팡이가 진화하지 못해 퇴적되어 석탄이 되었다는 가설이 우세했다. 과학자들은 계통적, 지구화학적, 고생물학적 결과를 비교하여 석탄기에 매장된 식물이 아직 리그닌 화합물을 개발하지 못한 석송류(lycopsid)였다고 주장했다. 그 뒤에 리그닌을 갖춘 고사리류, 종자식물이 대규모로 등장하게 되었다. 따라서 식물의 생화학보다는 습지가 많았던 당시 적도의 조건이 보다 더 중요했을 것이라고 저자들은 보았다. 판게아라는 초대륙이 형성되면서 과거 대양에서 미처 빠져나가지 못한 바닷물이 대륙의 여기저기에 습지로 남아 있었던 것이다. 아직 결론에 이르지는 못했지만 리그닌을 갖춘 나무와 습지 환경 모두 석탄 형성에 중요한 역할을 한 것 같다. Floudas, D., et al. The Paleozoic Origin of Enzymatic Lignin Decomposition Reconstructed from 31 Fungal Genomes, *Science*, 336, 1715-1719 (2012). 이 연구를 반박하는 논문으로 Nelsen, M. P., et al. Delayed fungal evolution did not cause the Paleozoic peak in coal production. *Proceedings of the National Academy of Sciences*, 113, 2442-2447 (2016).

4 · 조경사들은 허연 버섯이 층층이 자라나기 시작한 나무를 잘라낸다. 이

버섯은 공략하기 어렵다는 나무의 리그닌 성분을 분해할 수 있다. 고생대 석탄기 이후 버섯류, 특히 구멍장이버섯목(Polyporales)에서 등장하기 시작한 리그닌 분해효소는 중생대 백악기 초기에 이르기까지 진화를 거듭하여 종류도 늘고 성능도 크게 향상되었다. 석탄기와 페름기에 다량의 석탄이 매장될 수 있었던 것은 이 외에도 대륙 안에 커다랗고 안정된 습지가 조성될 수 있었던 지각 변동과도 깊은 관련이 있다고 한다. Ayuso-Fernández, I., et al. Evolutionary convergence in lignin-degrading enzymes. *Proceedings of the National Academy of Sciences*, 115, 6428-6433 (2018).

5 · 지구상에서 가장 풍부한 생체고분자 중 하나인 리그닌은 식물의 페놀(phenol) 대사에서 기원했다. 이는 진정한 의미에서 식물이 육상에 뿌리를 내릴 수 있었던 선결 조건이기도 했다. 관다발 조직을 가능케 하고 물의 증산을 효과적으로 제어할 수 있었기 때문이었다. 이끼의 시토크롬 P450 산화효소가 진화해 속씨식물에 편입되면서 리그닌 생합성 경로가 시작되었다. 하지만 이끼에서는 스키믹(shikimic)산이 아니라 아스코르빈산(비타민 C) 경로를 이용하여 페놀성 화합물이 그득한 큐티클 층을 만들어 건조한 상황을 이겨냈다. 이 큐티클 안에는 리그닌, 큐틴, 수베린(suberin) 등이 풍부했다. 스키믹산이나 아스코르빈산은 포도당이 오탄당 인산회로를 거치거나 아니면 직접 대사되어 생성되는 화합물들이다. 식물은 스키믹산을 이용해서 다양한 종류의 색소 물질을 만든다. 연료로 쓰이는 대신 포도당은 식물의 구조물을 만드는 빌딩 블록이 출발 물질로도 사용된다. 오탄당 인산회로의 C_4에서 스키믹산이 만들어진다.(광합성 암반응 그림 참고, 161쪽) Renault, H., et al. A phenol-enriched cuticle is ancestral to lignin evolution in land plants. *Nature Communications*, 8, 14713 (2017).

6 · 식물은 늙어도 여전히 몸집을 키운다는 흥미로운 사실을 담고 있다. 나

무가 크고 나이가 들면서 탄소가 축적되고 질량이 늘어난다는 결과를 소개한다. 늙은 나무는 그저 수동적인 탄소의 저장소가 아닌 것이다. 대신 이들은 많은 양의 탄소를 고정한다. 숲에서 큰 나무 하나가 고정하는 탄소가 중간 혹은 어린 나무 전체보다 더 많은 경우도 발견된다. 열대우림, 온대지방의 403종의 나무를 연구했다. 미국 서부에서 직경이 1미터가 넘는 나무는 전체의 6퍼센트에 불과하지만 이들이 숲의 무게 성장의 33퍼센트를 차지한다. 조림 사업을 구상하는 데 참고할 수 있는 연구이며 기존의 관념을 깨뜨렸다는 평을 받았다. Stephenson, N. L., et al. Rate of three carbon accumulation increases continuously with tree size. *Nature*, 507, 90-93 (2014).

7 · 곤충이나 양서류 혹은 식물에 비해 포유동물에 질병을 일으키는 곰팡이는 무척 드물다. 약 150만 종의 곰팡이 중 포유동물을 넘보는 종은 수백 종에 불과하다. 식물과 곤충을 감염시키는 곰팡이는 각각 27만 종, 5만 종이다. 양서류는 특히 곰팡이에 취약하다. "개구리 멸종 부르는 항아리곰팡이, 한국서 세계로 번져". 항아리곰팡이는 90여 종의 양서류를 절멸시켰다고 한다. 이런 연구 결과가 2018년 5월, 《사이언스》 지에 게재되었다. 섭씨 30~40도 범위에서 온도가 1도씩 증가할 때마다 곰팡이 군락은 6퍼센트씩 줄어든다. Robert, V. A., & Casadevall, A. Vertebrate endothermy restricts most fungi as potential pathogens. *Journal of Infectious Diseases*, 200, 1623-1626 (2009).

8 · 정온동물의 기저 혹은 최대 산소 소모량은 변온동물의 약 5~10배에 달한다. 운동성을 유지하기 위해 정온성이 진화했다고 한다. 어류, 파충류, 양서류, 포유류 등의 대사율을 산소 소모량으로 측정한 결과를 제시한다. 산소의 소모량이 늘면서 동시에 폐의 표면적이 증가하고 산소 운반을 담당하는 혈액의 완충 능력도 커졌다. 한편 산소를 저장하는 근육의 미오글로빈 양도 늘었다. 미토콘드리아의 대사율도 좋아졌고 활성산소를 처

리하는 능력도 개선되었다. Bennett, A. F., & Ruben, J. A. Endothermy and activity in vertebrates. *Science*, 206, 649-654 (1979).

9 · 용각류(sauropod) 공룡은 유사 이래 몸집이 가장 큰 육상동물이었다. 그들은 어떻게 커다란 몸집을 유지할 수 있었을까? 중생대 탄소/질소 비율은 지금보다 훨씬 컸다. 살아가는 데 필요한 만큼의 질소를 얻기 위해 탄소를 더 많이 소비해야 했다는 뜻이다. 변온성 초식동물은 몸집을 키웠고 작은 초식동물은 정온성을 진화시켰다. 이 논문의 저자들은 어린 용각류 공룡이 잡식성이었거나 혹은 정온성을 발달시켰을지도 모른다고 말하고 있다. 그들의 치아 구조를 분석한 결과였다. Wilkinson, D. M., & Ruxton, G. D. High C/N ratio (not low-energy content) of vegetation may have driven gigantism in sauropoddinosaurs and perhaps omnivory and/or endothermy in their juveniles. *Functional Ecology*, 27, 131-135 (2013).

10 · 일부 상어, 참치, 파충류 그리고 조류와 포유류에서 완전 혹은 부분적 정온성이 독립적으로 출현했다. 정온성 곤충도 있다. 1940년대 파충류의 알을 가지고 실험한 과학자들은 동물이 더위보다는 추위를 잘 견딘다는 사실을 확인했다. 1950년대 들어 사바나도마뱀에 털옷을 입히는 실험을 수행했다. 상황이 더 나아지지 않았다. 동물생리학자들은 변온성 동물이 새끼들을 잘 돌보지 않는다는 사실도 알게 되었다. 좋은 부모가 되기 위해서는 정온성을 띠어야 한다. 산모의 배 위에서 잠을 자는 아이들은 정서적으로 훨씬 더 안정적이다. 아기를 키우는 동안 부모와의 접촉이 중요하다는 점은 이미 잘 알려졌다. 정온성은 모든 효소 생물학을 완전히 바꾸어놓아야 했을 것이다. 달구지와 달리 내연 기관을 장착한 자동차는 속도가 현저히 다르다. Watanabe, M. E. Generating heat: new twists in the evolution of endothermy. *BioScience*, 55, 470-475 (2005).

11 · 1778년 라마르크는 천남성에 꽃이 필 때 꽃의 온도가 따뜻해진다고 말했다. 식물들의 열 생성 과정에도 동물처럼 당연히 미토콘드리아가 관여한다. 전자전달계 단백질에 강하게 결합하는 독성물질인 청산(cyanide)이 있으면 온도를 높이지 못하는 식물이 있는가 하면 그 화합물과 관련이 없는 식물도 있다. 이들은 ATP를 만든 다음 그것을 깨면서 열을 낸다. 토란과 비슷한 아마존수련도 따뜻한 꽃을 피워 향기를 멀리 퍼뜨리고 수정 매개 곤충을 유혹한다. 심지어 천남성은 날고 있는 벌새보다 열을 내는 효율이 좋다. 나비의 날개 근육, 햄스터의 갈색지방보다는 그 효율이 떨어지지만. 대나무도 열을 내 햇살이 비추기 전 곤충의 몸을 데워준다. Seymour, R. S. Plants that warm themselves. *Scientific American*, 1997 March, 104-109.

12 · 도토리에는 떫고 소화하기 힘든 화합물인 '타닌'이 많이 함유되어 있다. 그런데도 도토리가 식품으로 이용되어온 까닭은 탄수화물이 풍부하기 때문이다. 캘리포니아 인근의 아메리카 원주민들도 도토리를 주식으로 사용했다. 우리도 묵을 자주 먹는다. 유럽인과 만나기 전 70퍼센트의 캘리포니아 원주민은 도토리를 일차적인 식품으로 소비했다. 지금 도토리를 늘 먹는 민족은 한국이 거의 유일하다. Łuczaj, Ł., et al. Tannin content in acorns (Quercus spp) from Poland. *Dendrobiology*, 72, 103-111 (2014); eGuide for Acorn use in native California

13 · 미각은 음식물, 광물 또는 독극물의 냄새를 감지하는 능력이다. 이 감각은 후각과 밀접히 연관되어 있다. 인간과 같은 척추동물에서 후각과 미각은 분리되어 있어서 혀와 코가 그 일을 담당한다. 무척추동물에서는 이런 구분이 뚜렷하지 않다. 또 맛을 감지하는 일이 한 기관에 분포되지도 않는다. 무척추동물의 미각 수용체 단백질은 후각 수용체가 있는 곳에도 분포하고 몸 전체에 분포된 부속 기관에서도 발견된다. 입,

발, 촉각, 산란관에도 분포한다. 물속에 사는 무척추동물의 미각 장치를 찾기는 더욱 어렵다. 무척추동물 미각 기관의 전형적인 해부학, 분자 신경 회로에 대해 기술하고 있다. Reinhard, J. Taste: invertebrates. *Encyclopedia of Animal Behavior*, 3, 379-385 (2010).

14 · 얼마 전부터 국내에서도 시판되는 이베리코 돼지는 스페인 이베리아 반도 데헤사(Dehesa)라 불리는 원생림 목초지에서 도토리와 올리브, 유채꽃을 먹고 자란다. 데헤사 지역은 생물 다양성이 풍부하고 풍광도 뛰어나다고 한다. 이곳 돼지는 풀보다는 도토리에서 대부분의 대사 에너지를 확보한다. 도토리는 지방과 탄수화물의 함량이 풀보다 훨씬 많다. 건조 중량의 약 8할이 탄수화물이고 지방은 5~10퍼센트 정도다. 단백질 함량은 상대적으로 낮다(4~6퍼센트). 도토리를 먹고 자란 돼지 근육 사이에 지방 함량이 매우 높은 편이다. Rodríguez-Estévez, V., et al. Consumption of acorns by finishing Iberian pigs and their function in the conservation of the Dehesa Agroecosystem. Agroforestry for Biodiversity and Ecosystem Services-Science and Practice. IntechOpen (2012).

15 · 카리브 해 트리니다드 제도에서 건기가 지속되면 나뭇잎이 떨어지기 시작한다. 하지만 우기에 잎이 떨어지는 일은 흔하지 않다. 중생대 백악기 초반에 열대와 온대가 만나는 북반구 지역에서 활엽수가 생긴 뒤 이들은 계절의 변화가 있는 북쪽으로 퍼져나갔다. 아마도 춥고 물이 적을 때 적응하기 위한 형질로 보인다. 낙엽활엽수는 남반구 중위도 이상에서는 거의 찾아볼 수 없다. 대신 활엽상록수가 대세를 이룬다. 화석의 기록을 분석한 결과 과학자들은 가뭄 혹은 어둠에 반응하던 낙엽성 형질이 차가운 기후에 대한 전(前)적응 효과를 나타냈다는 가설을 제시했다. 한편 상록수가 먼저 추운 지방에 나타났고 여기서 활엽수가 분기해 나갔다는 가설도 있다. 활엽수와 연간 어느 기간이 길어

지는 현상이 완벽한 상관성을 보인다. 점차 냉각하는 기후에 적응하여 활엽수가 진화했다는 증거이다. Axelrod, D. I. Origin of deciduous and evergreen habits in temperate forests. Evolution, 20, 1-15 (1966); Edwards, E. J., et al. Convergence, consilience, and the evolution of temperate deciduous forests. *American Naturalist*, 190, S87-S104 (2017).

· 자연 발생 과정이든 외부 자극 때문이든 식물이 자신의 부속 기관을 떨어뜨릴 때도 유전자와 효소가 깊이 관여한다. 식물이 필요 없는 기관을 제거하는 방식은 분자, 발생 그리고 환경적인 수준에서 폭넓게 연구되어야 한다. 이런 연구 결과는 현실적으로 곡물의 수확량을 늘리는 데 적용할 수 있다. 수확하기 전에 낟알을 떨구지 않는 형질을 인류가 선택해야 하기 때문이다. Patharkar, O. R., & Walker J. C. Floral organ abscission is regulated by a positive feedback loop. *Proceedings of the National Academy of Sciences*, 112, 2906-2911 (2015); Olsson, V., Butenko, M. A. Abscission in plants. *Current Biology*, 28, R329-R341 (2018).

16 · 사탕단풍이나 고로쇠나무 수액은 왜 단맛이 나는 것일까? 탄수화물이 많이 들어 있기 때문이다. 높은 함량의 탄수화물은 식물과 동물 모두에게 추위를 견디는 능력을 부여한다. 한편 탄수화물이 매개하는 신호 전달 시스템은 면역과 스트레스 반응에서 중요한 역할을 한다. 잎에 설탕의 양이 급하게 증가하면 면역 반응이 촉진된다고 한다. 식물이 광합성 산물인 설탕을 보관 장소로 보낼지 아니면 이러저러한 신호로 쓸지 선택해야 한다는 뜻이다. 또한 면역계를 유지하는 데 매우 비용이 많이 든다는 뜻이기도 하다. 우리도 체온을 올려서 면역계를 항진시키고 미생물과 맞선다. 열이 날 때 무조건 해열제를 써서는 안 되는 까닭이다. Bolouri Moghaddam, M. R., & Van den Ende, W. Sweet immunity in the plant circadian regulatory network. *Journal of Experimental Botany*, 64, 1439-1449 (2013).

17 · 안토시아닌은 플라보노이드 유도체로 아미노산인 페닐알라닌에서 기원했다. 이 수용성 색소는 세포질에서 합성되고 액포(vacuole)에 보관되며 오렌지, 붉은색, 보라, 파랑 등 다양한 색조를 선보인다. 주위의 다른 색소, 금속 혹은 산성도에 따라 색이 조절된다. 수국의 꽃 색깔이 다양한 것도 이런 이유 때문이다. 지용성 카로티노이드(carotenoid)는 광합성 기구에 포함되며 엽록체에서 생성된다. 베타레인(betalain)은 티로신에서 유래했고 질소를 포함하는 수용성 색소이다. 노랗고 붉은 색조를 띠며 제한된 식물 종에서만 발견된다. 사탕무(sugar beet), 붉은무(beet), 선인장의 붉은 꽃은 이 색소 색깔이다. 식물이 안토시아닌을 합성할 때는 가을빛이 필요하다. 혹은 빛을 쬐어주면 그 생산량이 증가한다. 단풍잎에서 안토시아닌은 엽록소가 빛을 포획하지 못하게 광학적 차광막 역할을 한다. 늙어가는 잎의 광산화 손상을 막고 잎의 영양소를 최대한 회수하기 위한 장치이다. Tanaka, Y., et al. Biosynthesis of plant pigments: anthocyanins, betalains and carotenoids. *Plant Journal*, 54, 733-749 (2008); Feild, T. S., et al. Why leaves turn red in autumn. The role of anthocyanins in senescing leaves of red-osier dogwood. *Plant Physiology*, 127, 566-574 (2001).

18 · 척추동물이 씨를 매개하는 현상은 동물과 식물이 서로 돕는 가장 대표적인 사례이다. 무화과의 색상과 향기를 계통적으로 비교 분석한 연구진들은 과일의 형질이 씨를 퍼뜨리는 과식성 동물의 형태와 생리 혹은 행동적 차이에 맞게 진화했다고 추정했다. 과일의 형질이 다르면 씨앗 매개자를 예측할 수 있다는 뜻이다. 또한 이런 공진화를 통해 생물계의 다양성이 촉진되었다.

90퍼센트의 열대 목본 식물의 씨앗은 과일을 즐기는 새나 포유동물

덕에 멀리까지 퍼져나간다. 새들은 상대적으로 입을 크게 벌리지 못하고 이가 없지만 시각은 훌륭해서 다양한 색을 구분한다. 하지만 후각은 시원치 않기 때문에 이들은 식물의 가장자리에 있는 과일을 선호한다. 또한 작고 부드러우며 눈으로 식별이 잘 되지만 향은 적고 가지 사이 나뭇잎 사이에 매달려 있는 과일을 선택한다. 반면 박쥐는 이빨이 있어서 과일을 잘게 쪼개 먹을 수 있다. 게다가 야행성이다. 따라서 후각이 무척 발달했으리라 짐작할 수 있다. 박쥐가 좋아하는 열매는 비교적 크고 단단하지만 색은 밝지 않아도 상관없다. 나무줄기에 다닥다닥 붙어 있고 잎에서 멀수록 박쥐가 좋아하는 과일일 가능성이 크다. 이런 여러 가지 과일의 형질을 그들의 씨앗 매개 동물과 비교했다. 로버트 더들리의 『술 취한 원숭이』가 연상되는 재미있는 논문이다. 참고로 논문의 제목에도 나와 있듯 무화과는 뽕나무과 식물이다. 아, 그래서 맛이 비슷하게 단 것일까? Lomascolo, S. B., et al. Dispersers shape fruit diversity in Figs (Moraceae). *Proceedings of the National Academy of Sciences*, 107, 14668-14672 (2010); Nevo, O. et al. Fruit scent as an evolved signal to primate seed dispersal. *Science Advances*, 4, eaat4871 (2018).

19 · 영양소를 저장하는 일 외에 씨의 성숙은 몇 가지 기능적인 형질을 획득하는 과정이다. 발아, 건조 저항성, 휴면 그리고 수명이다. 씨가 여물면 씨의 수명은 30배까지 늘어난다. 또한 건조한 상태에서는 배아가 휴면에 들어간다. 씨의 후기 성숙기는 전체 발생 기간의 약 10~78퍼센트를 차지한다. 씨의 수명을 결정하는 기간이다. 엽록소가 분해되고 라피노스(raffinose) 계열의 당이 축적된다. 한편 배아 형성에 관여하는 단백질과 열충격 단백질의 발현도 증가한다. 씨의 발달 과정은 세 단계로 나뉜다. 배아형성기, 씨 채움, 씨의 후기 성숙기. 이렇게 공들인 씨앗을 우리 인간이 먹고 산다.

고생대 데본기 후기 약 3억 7,000만 년 전에 비로소 원시적인 씨앗이 등장했다. 암보렐라(Amborella)가 등장하면서 속씨식물의 시작을 알렸다. Leprince, O., et al. Late seed maturation: drying without dying. *Journal of Experimental Botany*, 68, 827-841 (2017); Linkies, A., et al. The evolution of seeds. *New Phytologist*, 186, 817-831 (2010).

20 · 습기가 있어도 접착 효과가 좋은 식물성 타닌은 제품 개발에 이용되기도 한다. 홍합의 접착력에 영감을 받아 도파민, 젤라틴, 타닌산을 적당한 비율로 조합하여 수술용 접착제로 상용화하려는 시도가 있다. 질산은을 환원시킨 은 나노입자에 항균성을 덧붙이기도 한다. 생체모방학이라는 주제로 연구를 진행하는 사람들은 다양한 분야에 걸쳐 있다. 그리고 이러한 연구는 무엇보다 흥미롭고 재미있다. Guo, J., et al. Development of tannin-inspired antimicrobial bioadhesives. *Acta Biomaterialia*, 72, 35-44 (2018).

4부. 인간과 함께할 미시의 세상 : 작은 것들을 위한 생물학

1 · 인플루엔자 바이러스는 매년 전 세계 10퍼센트의 인구를 침범한다. 북반구와 남반구 온대지방에서는 국가별로 혹은 FluNet을 통해 인플루엔자 질병의 주기성을 파악하고 백신을 생산하거나 배포한다. 열대 혹은 아열대 지방에 사는 사람들은 주로 언제 감기에 걸리는 것일까? 남아메리카 혹은 아시아 국민들은 4월에서 6월 사이에 주로 감기에 걸린다. 북쪽 아프리카 국민들은 10~12월, 남쪽은 4~6월, 적도 근처에 사는 사람들은 뒤섞인 양상을 선보인다. 흥미로운 결과이다. 우기에 접어든 적도

지방에서 인플루엔자의 활성이 높다. 감기로 일 년에 약 100만 명 정도가 사망한다. 위도에 따른 감기 혹은 폐렴의 계절성을 다룬다. 미국, 브라질, 콜롬비아의 사례를 다뤘다.

감기를 일으키는 리노바이러스는 중심부 체온보다 약간 차가운 비강 온도에서 잘 증식한다. 섭씨 33~35도 정도다. 상기도 세포는 섭씨 33도보다 37도에서 인터페론을 더 효과적으로 생성한다. 온도 의존적인 바이러스성 면역 반응을 분자 수준에서 설명하고 있다. Hirve, S., et al. Influenza seasonality in the tropics and subtropics-when to vaccinate? *PLoS ONE*, 11, e0153003 (2016); Viboud, C., et al. Influenza in Tropical Regions. *PLoS Medicine*, 3, e89 (2006); Foxman, E. F., et al. Temperature-dependent innate defense against the common cold virus limits viral replication at warm temperature in mouse airway cells. *Proceedings of the National Academy of Sciences*, 112, 827–832 (2015).

2 · 약 20년 전 《네이처》에 소개된 논문은 역전사 바이러스의 외피 단백질인 신시틴(syncytin)이 인간의 태반 형성에 관여한다는 내용을 다루고 있다. 최근에 티에리 하이드만이 소속된 연구팀은 진화와 비교생물학적 관점에서 신시틴을 다루었다. 이런 논문을 발견하고 읽는 순간의 느낌은 그야말로 '놀라움' 자체이다. 그렇지만 곰곰이 생각해보면 글쎄 그럴 수도 있겠지 하는 차분함이 다시 찾아온다. 긴 시간이 혼입되면 우연은 어느덧 필연이 된다. Mi, S., et al. Syncytin is a captive retroviral envelope protein involved in human placental morphogenesis. *Nature*, 403, 785 (2000); Lavialle, C., et al. Paleovirology of '*syncytins*', retroviral *env* genes exapted for a role in placentation. *Philosophic Transactions of the Royal Society of London B Biological Sciences*, 368, 20120507 (2013); Cornelis, G., Heidmann, T., et al. An

endogenous retroviral envelope syncytin and its cognate receptor identified in the viviparous placental *Mabuya* lizard. *Proceedings of the National Academy of Sciences*, 114, E10991 (2017).

3 · 기침은 우리가 능동적으로 하는 행동일까 아니면 바이러스나 세균이 '하라고' 시켜서 하는 행동일까? Heil, M. Host Manipulation by Parasites: Cases, Patterns, and Remaining Doubts. *Frontiers in Ecology and Evolution* (2016).

4 · 재채기할 때 비말이 8미터는 난다. Lok, C. Where sneezes go. *Nature*, 534, 24-26 (2016).

5 · 승객이 붐비는 버스 안이나 사람들이 많은 밀폐된 곳에서는 목소리를 낮추자. 목청껏 소리 높여 얘기하면 입에서 튀어나가는 비말의 숫자가 크게 늘어난다. Asadi, S., et al. Aerosol emission and superemission during human speech increase with voice loudness. *Scientific Reports*, 9, 2348 (2019).

6 · 부동성섬모증후군(不動性纖毛症候群) 또는 카르타게너증후군으로 불리는 이 증상은 움직여야 할 섬모가 움직이지 않아 생긴다. 이 유전병을 앓는 사람은 임신과 출산에 어려움이 있고 기관지염 등 호흡기 감염에도 취약하다. 기도에서 점막을 밀어내지 못하고 난자를 운반하지도 못하기 때문이다. 정자의 운동성도 떨어진다. McComb, P., et al. The oviductal cilia and Kartagener's syndrome. *Fertility Sterility*, 46, 412-416 (1986).

7 · 세포가 굶으면 세포막에 있는 섬모의 길이가 피노키오 코처럼 늘어난다. 하지만 잘 먹으면 섬모가 사라진다. Schneider, L., et al. PDGFR*α* *α* signaling is regulated through the primary cilium in fibroblasts. *Current Biology*, 15, 1861-1866 (2005); Pugacheva, E. N., et al. HEF1-dependent aurora A activation induces disassembly of the

primary cilium. *Cell*, 129, 1351-1363 (2007).

8 · 매미 몸 안에 곰팡이가 산다. 곰팡이가 득세하면 한약재로 쓰이는 동충하초가 되기도 한다. Matsuura, Y., Fukatsu, T., et al. Recurrent symbiont recruitment from fungal parasites in cicadas. *Proceedings of the National Academy of Sciences*, 115, E5970-E5979 (2018).

9 · 선퇴(蟬退)는 자하거(紫河車)라고 불리는 태반과 함께 한약재로 사용되었다. 단백질 섭취량이 현저히 부족했던 과거라면 태반을 먹으라고 권하기라도 했겠지만 글쎄 지금은 그러고 싶지 않다. 탈바꿈을 끝낸 매미가 날아가고 떠난 자리라는 의미의 선퇴는 그 말이 아름답지만 곤충의 껍질을 이루는 키틴(chitin)이 선퇴의 약효를 부분적으로나마 설명할 수 있지 않을까 조심스럽게 추정해본다.

10 · 혹시 포르피린증을 앓는 사람들이 있다면 굶지 않도록 애써야 한다. Handschin, C., et al. Nutritional Regulation of Hepatic Heme Biosynthesis and Porphyria through PGC-1α. *Cell*, 122, 505-515 (2005).

11 · 세포 안에서 포르피린의 합성은 매우 복잡하게 진행된다. 세균과 동물세포가 헴을 생산하는 방식은 조류(algae)나 식물과 다르다. 헴의 합성 과정은 세포질과 미토콘드리아, 혹은 엽록체를 두루 오가며 벌어지는 일이다. 따라서 헴 합성 과정을 상세히 밝히는 일도 생명의 역사에서 진핵세포의 출현을 설명할 수 있는 단서를 제공할 것이다. 『산소와 그 경쟁자들』이란 책에서 나는 식물과 동물의 헴 합성이 다르다는 점을 설명했다.

헴 합성 과정에 문제가 있는 사람들은 '포르피린증' 증세를 보이며 빈혈이 흔히 나타난다. 대부분 햇빛을 꺼리는데, 잇몸에서 피를 흘린다거나 송곳니가 도드라지게 튀어나오는 등 포르피린증 증세 몇 가지가 드라큘라의 모티프가 되었고 일부 동유럽 국가에서는 드라큘라를 상업적 용도로 시장에 끌어냈다. 도깨비나 구미호에서 여차한 생물학적 연계를 찾지는 못했지만 드라큘라에 대해서는 몇 가지 연구가 있었다. 1733년에는 광견병과 드라큘라를 연결하려는 시도가 있었다. 침을 흘리는 개가 물면서 바이러스가 전염되는 양상의 유사성을 견강부회한 듯하지만 신학자들을 중심으로 이런 가설이 잠시나마 퍼지기도 했다. 게다가 바이러스에 감염된 환자들이 보이는 공수병 증세도 드라큘라를 연상케 하는 점이 있었다. 기침하다 피를 토한다거나 불면증에 시달리는 점도 이런 가설을 뒷받침했다.

트립토판의 전구체인 나이아신 비타민 섭취가 부족해서 생기는 펠라그라도 드라큘라 모티프로 차용되었다. 이른바 4D(dermatitis, diarrhea, dementia, death) 증세를 보이는 펠라그라 환자들도 햇빛을 두려워하고 피부에 붉은 반점이 보이는 등 드라큘라로 오인할 만한 소지가 있었다고 한다.

빛에 민감한 포르피린의 특성을 이용해서 피부를 치료하거나 인공 광합성 연구를 진행하기도 한다. 광치료에 관해서 나도 한 편의 논문을 썼다. Maas, R. P. P. W. M., & Voets, P. J. G. M. The vampire in medical perspective: myth or malady? *Quaternary Journal of Medicine*, 107, 945 (2014); Kim, H. P. Lightening up Light Therapy: Activation of Retrograde Signaling Pathway by Photobiomodulation. *Biomolecules & Therapeutics*, 22, 491-496 (2014).

12 · 유기체가 만드는 가스 분자가 반딧불이의 깜박임을 조절한다는 논문이다. 세포 내 발전소인 미토콘드리아에서 진행되는 전자전달 과정도 일산화탄소 가스 분자에 의해 억제된다. 연탄가스를 마시면 위험한 까닭을 세포 수준에서 설명하는 방식이 바로 이와 똑같다. 하지만 짐작하다시피 거기에 빛을 쬐면 전자전달 과정이 회복된다. 빛과 가스의 역동적인 되먹임 작용을 밝힌 독일의 바르부르크는 노벨상을 탔다. 눈에

보이지 않는 가스라고 허투루 무시할 수 없는 일이다. Trimmer, B. A., et al. Nitric oxide and the control of firefly flashing. *Science*, 292, 2486-2488 (2001).

13 · 음식물이나 공기를 통해 체내로 들어간 미세플라스틱의 양이 얼마나 되는가? 입자의 효과, 플라스틱 고분자 화합물의 화학적 효과, 면역학적 효과에 대해 우리가 아는 게 적다고 얘기하고 있다. Wright, S. L., & Kelly, F. J. Plastic and human health: A micro issue? *Environmental Science & Technology*, 51, 6634-6647 (2017).

· 해양 생태계에서 미세플라스틱의 현황을 광범위하게 살펴보고 그 상황을 타개하기 위한 국제적인 자구책을 여러 가지 제시했다. 미세플라스틱 공급원 확인, 플라스틱을 폐기하는 대신 다른 활용방안 모색, 마지막으로 이런 사실을 널리 알려야 한다고 말한다. 또한 더 작은 나노 크기의 플라스틱에 대한 정보를 모으고, 미세플라스틱이 인체 혹은 생태계에 미치는 영향을 알아야 한다. GESAMP reports and studies 90. Sources, fate and effects of microplastics in the marine environment: A global assessment. International Maritime Organization (2015).

단행본

· 김현, 『책읽기의 괴로움 / 살아 있는 시들』, 문학과지성사, 1992.

· 김홍표, 『가장 먼저 증명한 것들의 과학』, 위즈덤하우스, 2018.

· 김홍표, 『김홍표의 크리스퍼 혁명』, 동아시아, 2017.

· 김홍표, 『먹고 사는 것의 생물학』, 궁리, 2016.

· 김홍표, 『산소와 그 경쟁자들』, 지식을만드는지식, 2013.
· 네사 캐리, 『유전자는 네가 한 일을 알고 있다』, 이충호 옮김, 해나무, 2015.
· 닉 레인, 『미토콘드리아』, 김정은 옮김, 뿌리와이파리, 2009.
· 닉 레인, 『바이털 퀘스천』, 김정은 옮김, 까치, 2016.
· 닉 레인, 『산소』, 양은주 옮김, 뿌리와이파리, 2016.
· 닐 슈빈, 『DNA에서 우주를 만나다』, 이한음 옮김, 위즈덤하우스, 2015.
· 닐 슈빈, 『내 안의 물고기』, 김명남 옮김, 김영사, 2009.
· 로버트 M. 헤이즌, 『지구 이야기』, 김미선 옮김, 뿌리와이파리, 2014.
· 로버트 새폴스키, 『스트레스』, 이재담 · 이지윤 옮김, 사이언스북스, 2008.
· 매슈 워커, 『우리는 왜 잠을 자야 할까』, 이한음 옮김, 열린책들, 2019.
· 몬티 라이먼, 『피부는 인생이다』, 제효영 옮김, 브론스테인, 2020.
· 바츨라프 스밀, 『에너지란 무엇인가』, 윤순진 옮김, 삼천리, 2011.
· 빌 브라이슨, 『거의 모든 것의 역사』, 이덕환 옮김, 까치, 2003.
· 빌 브라이슨, 『바디』, 이한음 옮김, 까치, 2020.
· 이언 스튜어트, 『생명의 수학』, 안지민 옮김, 사이언스북스, 2015.
· 일리야 프리고진 · 이사벨 스텐저스, 『혼돈으로부터의 질서』, 신국조 옮김, 자유아카데미, 2011.
· 제프리 웨스트, 『스케일』, 이한음 옮김, 김영사, 2018.
· 최덕근, 『지구의 일생』, 휴머니스트, 2018.
· 커드 스테이저, 『원자, 인간을 완성하다』, 김학영 옮김, 반니, 2014.
· 피터 S. 엉거, 『이빨』, 노승영 옮김, 교유서가, 2018.

작고 거대한 것들의 과학

1판 1쇄 펴냄 2020년 8월 24일
1판 2쇄 펴냄 2021년 5월 28일

지은이 김홍표

주간 김현숙 | **편집** 변효현, 김주희
디자인 이현정, 전미혜
영업 백국현, 정강석 | **관리** 오유나

펴낸곳 궁리출판 | **펴낸이** 이갑수

등록 1999년 3월 29일 제300-2004-162호
주소 10881 경기도 파주시 회동길 325-12
전화 031-955-9818 | **팩스** 031-955-9848
홈페이지 www.kungree.com
전자우편 kungree@kungree.com
페이스북 /kungreepress | **트위터** @kungreepress
인스타그램 /kungree_press

ISBN 978-89-5820-679-8 03400

책값은 뒤표지에 있습니다.
파본은 구입하신 서점에서 바꾸어 드립니다.